青少科普探索系列

探索 UFO 神秘之旅

郝言言◎编

哇！有一架UFO飞过我的窗前，
我要跟着它去太空冒险！

吉林科学技术出版社

U0320253

图书在版编目（ＣＩＰ）数据

探索UFO神秘之旅 / 郝言言编. -- 长春：吉
林科学技术出版社，2013.6（2020.1 重印）
ISBN 978-7-5384-6762-8

Ⅰ．①探… Ⅱ．①郝… Ⅲ．①飞盘—少儿读物
Ⅳ．①V11-49

中国版本图书馆CIP数据核字(2013)第100118号

少儿百科探索系列

探索UFO神秘之旅

编　　　郝言言
编　委　谭英锡　刘　毅　刘新建　赖吉平　韩明明　程　绪　李文竹
　　　　王丹昵　张艳梅　王亚娟　陈　蕊　戴小兰　李　洋　杨　珩
　　　　张莉艳　华丽妍　燕春艳　彭　婷　周　磊　朱琳琳　冯　军
　　　　何慧芬　齐　红　聂震雯　袁　婷
出 版 人　李　梁
策划责任编辑　万田继
执行责任编辑　刘宏伟
封面设计　张　虎
制　版　李　伟
开　本　710mm×1000mm　1/16
字　数　240 千字
印　张　10
版　次　2014年8月第1版
印　次　2021年1月第7次印刷

出　版　吉林科学技术出版社
发　行　吉林科学技术出版社
地　址　长春市人民大街4646号
邮　编　130021
发行部电话/传真　0431-85635177　85651759　**85651628**
　　　　　　　　　　　　85677817　85600611　**85670016**
储运部电话　0431-84612872
编辑部电话　0431-85610611
网　址　http://www.jlstp.com
印　刷　北京一鑫印务有限责任公司

书　号　ISBN 978-7-5384-6762-8
定　价　29.80元

F前言OREWORD

UFO 的问题一直困扰着人们，是什么神秘力量制造了 UFO，外星文明又是否来过地球上？人类自认为是生物金字塔顶端的生物，但宇宙中很有可能存在更高智慧生物，我们只是他们观察的小白鼠。当 UFO 出现在远古人类面前时，它们能在空中飞行，并发出五彩光芒，人们认为这种神奇的力量一定不是人类可以拥有的，只有"天神"才能获得。而在我们现代人看来，这些神灵很有可能就是一群驾驶 UFO 来到地球的外星生物。UFO 以其神秘的方式出现在人们面前，在任何时候，都有数以千万计的人声称自己看见过 UFO。这些所谓的"目击者"究竟是骗子还是幻想家？或者在真实和谎言中还存在着另外的答案？

想要了解 UFO，首先要知道 UFO 是什么。UFO 是英文缩写，意思是"不明飞行物"，飞碟只是 UFO 的一种，是指一种会移动的飞行物或天文景象，可由肉眼观测或雷达监测到，而人类目前无法解释的现象。从古至今，人类在很多地方发现了大量有关 UFO 的证据，从中国古籍中对不明飞行物的描述中，或是 3000 年前古埃及的砂纸上关于火球从天而降的记载中，都能找到 UFO 出现过的证据。

对于现代人来说，UFO 一词可能没有"飞碟"更让人熟悉。1947 年 6 月 24 日，美国新闻界将首创的"飞碟"一词，用于大篇幅地报道阿诺德目击飞碟事件，第一次将人类最好奇的天外来客展现在人们面前，引起全世界的 UFO 研究

热。自从这起报道后，世界各地越来越多的人声称看到过飞碟，仅美国就有超过 1500 万人宣称曾亲眼目睹过飞碟，还有人声称自己遭遇了外星人。

对于 UFO 现象来说，人们其实更关心 UFO 是不是外星人的飞船，也就是说，是否存在外星人。许多科学家认为，外星人肯定存在，但要找到一个像地球这样有生命存在的星球，是很不容易的。相信某一天，我们一定能找到智慧生命，帮助人类前往新的纪元。

作为 UFO 爱好者，坚信 UFO 和外星人是存在的，编写本书的时候，更是大力收集各种有关 UFO 的事件。不论是远古壁画，还是现代目击报告，都收录于其中，旨在为读者提供一个全面了解 UFO 的平台，满足读者对 UFO 的好奇心。寻找资料的时候，不仅寻找那些历史上著名的 UFO 事件，还加入许多新鲜元素，最客观、最全面、最丰富地满足广大对 UFO 充满好奇的青少年。对于那些没有根据，没有任何来源的信息，坚决不会出现在本书中，本书将为你还原一个真实的 UFO 世界。

除了严谨地选材和对应的知识，编写本书的时候，还以趣味为主，辅以相关科学知识，让青少年在阅读 UFO 的种种神秘现象时，还能对其进行科学地分析，避免被虚假 UFO 现象所骗。对相关知识有所了解。通过之后的进一步学习，科学地了解 UFO 的真相，对 UFO 现象进行进一步的揭秘。相信有了这些知识，对迷雾般的飞行工具——UFO，就会有更深一层的了解。

此刻，UFO 不是传说，而是对未知世界的探索，是学习动力的来源。让我们一起进入 UFO 的神秘世界吧，一起踏上探索 UFO 的神秘之旅！

目录
CONTENTS

第一章
猜想与假说——UFO 究竟是个什么

　　UFO 是世界未解之谜中最让人感兴趣的话题，人们对于 UFO 到底是什么有许多猜测，不论是外星人的宇宙飞船，还是神秘莫测的球形闪电，UFO 总能引起人们的兴趣。各种神秘的 UFO，难道真的都是外星飞船吗？会不会是一些人类还不知道的自然现象，或者人类自己制造的秘密武器呢？

第二章
热点事件——中外目击 UFO 事件扫描

　　中国古代就出现了 UFO？国家领导人与外星人接触过吗？香港万人目睹 UFO 事件的经过是什么样的？"飞碟"一词是何时出现，又是何时广泛传播的呢？这一切的问题，都会在这一章中解决。让我们一起来看看世界上那些神奇的 UFO 事件，共同分析 UFO 事件的谜团，探索 UFO 的神秘之处！

第三章

史前遗迹——悬疑重重的 UFO 传说

现在的地球上还保存着一些史前遗迹，有些让人惊叹，有些让人诧异，有些让人大呼不可能！这些不可能存在的史前遗迹，就连现代人都无法完成，更何况史前人类呢！不论是古代埃及的金字塔，还是化石中的人类鞋印，这些东西的出现，让人们不禁想到，莫非外星人史前就出现在地球上了？

第四章

UFO 坠毁案——那些坠落在地球的外星人

UFO 一直被誉为超越人类科技的产物，但事实上 UFO 并非人类想象中那么先进，甚至会坠毁在地球上。其中，罗斯威尔事件是飞碟坠毁案中最著名的，到底当时发生了什么，让这一起看似简单的"气球坠毁"事件，成为 UFO 爱好者津津乐道的

UFO 悬案？下面，我们就一起穿过迷雾，揭开其中的奥秘。

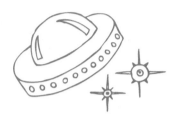

第五章

遭遇入侵——人类与 UFO 的 "战争"

外星人可能没有我们想象得那么友好，人类对于外星人来说，可能只是一种实验的小白鼠，价值只是供他们研究而已。当然，这样的说法也不完全正确，毕竟我们不知道外星人的本意，可能他们只是出于单纯的好奇，没有意识到会伤害到我们。那么，人类和外星人会和平相处还是会发生战争呢？

第六章

神秘来客——外星人真的存在吗

UFO 已经成为了外星人飞船的代名词，每当人们发现 UFO 的时候，都会称其是外星人的宇宙飞船。那么，究竟外星人是否存在？浩瀚的宇宙中，是否有我们不知道的智慧生物存在？这些智慧生物又是否来到了地球上，监视我们或者拿人类做实验？下面，就让我们一起来找答案。

第七章

探索UFO——人类探索UFO的历程

人类对UFO的好奇不仅仅是它神奇的地方，更多的是对宇宙的痴迷，而探索UFO只是探索宇宙的一个方面而已。当人类了解UFO后，可能发现外星文明，这对人类来说十分重要。因为人类再也不是茫茫宇宙中孤独存在的唯一智慧生物，也不是所谓神灵创造的产物。这将对人类的进步有着重要的作用。

第一章
Chapter 1

猜 想 与 假 说 ——
UFO 究 竟 是 个 什 么

UFO是世界未解之谜中最让人感兴趣的话题，人们对于UFO到底是什么有许多猜测，不论是外星人的宇宙飞船，还是神秘莫测的球形闪电，UFO总能引起人们的兴趣。各种神秘的UFO，难道真的都是外星飞船吗？会不会是一些人类还不知道的自然现象，或者人类自己制造的秘密武器呢？

我们所说的UFO是什么

UFO是不明飞行物的简称，是指不明来历、不明结构、不明性质、不明空间，而且能够在空中飞行和飘浮的物体。一些人相信UFO是外星人来到地球上的飞行工具，另一些人认为UFO是一种没有被人们发现的自然现象，还有人认为这些现象只是大家的幻觉而已。

20 世纪 40 年代开始，一些人在美国发现了一些特殊的碟状飞行物，当时的人们不知道这些东西是什么，称这种会飞的"盘子"为"飞碟"。这就是人们对不明飞行物认识的开端。后来，人们所发现的不明飞行物就不仅仅指飞碟了，还包括奇怪的发光体、空中快速飞行的物体和一些在空中飞行却不被人认识的物体。

虽然，科学界至今对一些不明飞行物无法解释，但大多数的飞行物都被证实是伪造的，或者是人类发射的飞行器。而那些无法解释的不明飞行物是什么，更是众说纷纭，没有个统一答案，最多的说法是外星人的飞行器，也就是飞碟。现在我们说 UFO，基本上是指外星人的飞行器。

UFO目击事件

UFO一词起源于二战时期对碟状飞行物的目击报告，虽然UFO的形状多种多样，并非全是碟形，但对于飞碟的定义本来就模糊，没有一个统一的说法。所以，我们所说的飞碟也属于UFO的一种。不明飞行物的目击事件与目击报告大致可以分为四类：白天目击事件；夜晚目击事件；雷达显像；近距离接触和有关物证，部分目击事

件还被拍成照

片。UFO的目击事件其实早在人类有记录能力时就有，一些古老的壁画、文字、石刻等，都有一些类似UFO的目击事件。而近代自从UFO事件被广泛报道后，目击事件的报告就开始逐年增长。

逐年增长的UFO目击报告

20世纪以前较完整的目击报告有350件以上。据目击者报告上记载，当时发现的不明飞行物大多呈碟状，还有一些是球状和雪茄状，也有一些是纺锤状、棍棒状或射线状。到了20世纪40年代末，不明飞行物的目击事件开始急剧增多，

这引起了当时科学界的争论。一种观点认为大多数的目击报告并不可靠，因为当时正是二战结束时期，军事力量得到了很明显的进步，许多科学实验和军事上都会用到飞行器。所以，大多数的目击报告只是没有见过这些飞行器的人提供的不正确报告而已。

还有一种否定观点认为这些目击报告，只是众人的幻觉或者看到的只是一种自然现象，而不是什么不明飞行物。持肯定意见的科学家则认为这些不明飞行物确实存在，是人类还不了解的文明所制造的飞行器，而普通人更偏向于这个观点，因为有些不明飞行物确实用科学无法解释。

到了20世纪80年代为止，全世界不明飞行物的报告大约有10万件。而且这期间出现了很多可以载入史册的UFO事件，比如罗斯维尔事件、通古斯大爆炸、墨西哥目击事件、凤凰山UFO事件等，这也是UFO开始被大家所熟知的年代。

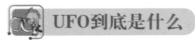

UFO到底是什么

越来越多的UFO事件，激发了全世界对这种超科技、超自然的现象的兴趣，许多国家政府都在秘密进行研究，还有一些民间团体也开始对UFO现象进行大范围研究。目前对UFO的各种可能性主要有以下七种猜测：

1.UFO是某种还没有被科学发现和解释的自然现象或者生命现象；

2.对一些物体、现象和生命物质的误认；

3.一些人故意制造假象，或者是一些人的幻觉；

4.外星文明留在地球的产物；

5.外星人进行星际旅行的交通工具；

6.人们还不能自己制造，不能完全认识的智能飞行物或飞行器；

7.未来人类用来穿梭时空的交通工具。

这些说法就是对UFO的解释，虽然每一种说法都有一些人认同和支持，但是没有哪一个团体可以找出直接的证据证明这种说法。这些说法中最被人接受的就是UFO是外星人的交通工具，这是证明人类并不孤单的直接证据，也是对科技发展的直接肯定。但不论是哪种说法，UFO依旧是个谜，永远是"不明飞行物"。

著名的UFO记录

早在很久以前，人类就记录了一些离奇飞行物，不论是在四大文明古国，还是在一些神秘的古老文明，总能找到一些不符合当时科技的现象，比如可以飞天的风车，天神从炙热的太阳中走出来，能上天入海的飞行器等，这些都是古代人民对不明飞行物的记载。

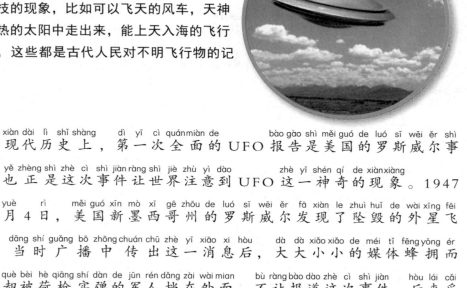

现代历史上，第一次全面的 UFO 报告是美国的罗斯威尔事件，也正是这次事件让世界注意到 UFO 这一神奇的现象。1947年7月4日，美国新墨西哥州的罗斯威尔发现了坠毁的外星飞船，当时广播中传出这一消息后，大大小小的媒体蜂拥而至，却被荷枪实弹的军人挡在外面，不让报道这次事件。后来采访一些参与这一事件的人，当事者证实在现场发现了许多神秘的金属残片和一些奇怪的尸体。再加上政府对这件事的紧张态度，让美国人民更加相信这次事件一定是飞碟坠毁，而且发现了一些不可告人的秘密。

极少数军方承认的UFO事件

1990年底至1999年间，在比利时的上空多次出现了三角形不明飞行物，有超过一千人的目击者证实了此次事件，而军方也承认这种飞行物是人类不可能拥有的飞行器。当时目击三角形飞行物的不光是比利时人，就连比利时军方以及北大西洋公约组织的雷达也侦测到了这些不明飞行物体的存在，而且当时军方还试图与这种不明飞行物进行联络，但在几次尝试均告失败之后，比利时空军派出了F-16战斗机进行拦截，期间，一架F-16战机还曾成功以机上雷达瞄

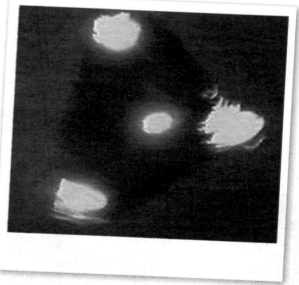

定其中一个不明飞行物体，但是被后者以极高的速度逃脱了。经过了一个多小时的追逐后，比利时空军无功而返。

事后，比利时军方对此次事件进行了报告，史称"比利时不明飞行物体事件"，其中就以UFO形容这种不明飞行物。这起事件是极少数获得国家军方承认的不明飞行物体事件之一。

中国历史上的UFO记载

UFO的出现绝对不是近代的事情，也不是偶然出现的。中国的许多古籍文献上，都有对一些飞行物的记载，其中很多记载让现代人看了都大为吃惊。因为就算是现在的科技，也无法做

出当时记载的飞行器。郑仲夔

在其所著的《耳新》卷七《志怪》

中有这样的一段记载："熊休

甫所居前有二池。万历戊午夏间，

日正中，忽有物，沉香色，圆

滚如球，从树梢乘风跃起，堕

历史上关于UFO的记载还有很多，比如在梵蒂冈埃及博物馆馆长的收藏物中，就发现了一张古老的埃及莎草纸，记录了公元前1500年左右，图特摩斯三世和臣民目击UFO群出现的场面。

前池中，池水为沸。少顷复跃起，堕于近池。视前池沸声更

噪，其堕处翻涛如雪，池水顿黄。久之奋跃，从门旁东角冲

拳而去，不知所向。"可以看出来，这个如同球一样的飞行物不

但可以潜入水中，还可以再从水中飞出。而且身上带有巨热，

可以一瞬间让池水沸腾。下面

是晋代学者郭璞对汉代《括地

图》中一段话的批注："其人

善为机巧，以取百禽。能作飞

车，从风远行。汤时得之于豫

州界中，即坏之，不以示人，

后十年，西风至，复作遣之。"

《括地图》中的这段故事

是指大约公元前16世纪时，有一处叫作"奇肱国"的地方，那

里的人都是三眼独臂。其中一个人驾驶着"飞车"，无意中落到

le zhōng yuán dì dài　　shí nián hòu yòu fēi zǒu le　　suī rán jì zǎi de shí fēn shǎo　　dàn shì zhè duàn
了中原地带，十年后又飞走了。虽然记载的十分少，但是这段

huà de jì zǎi hé xiàn dài de fēi dié hěn xiāng sì　　ér qiě zhè zhǒng　fēi chē　shì jiè zhù fēng lì fēi
话的记载和现代的飞碟很相似，而且这种"飞车"是借助风力飞

xíng　　yào bǐ xiàn dài de huá xiáng yì gāo jí xǔ duō
行，要比现代的滑翔翼高级许多！

圣经中的记载

shèng jīng　　yì shū shì jī dū jiào de jīng diǎn　　zài　　yǐ xī jié shū　　zhōng yǒu yī duàn
《圣经》一书是基督教的经典，在《以西结书》中有一段

lèi sì yú duì　　de jì zǎi　　yǐ xī jié shì shèng jīng lǐ miàn de xiān zhī　　míng zi de yì si
类似于对UFO的记载。以西结是圣经里面的先知，名字的意思

shì　shén cì　lì liàng　　zhè wèi jù yǒu shén cì lì liàng de xiān zhī　　yě céng mù dǔ guò
是"神赐力量"，这位具有神赐力量的先知，也曾目睹过UFO，

bìng qiě jì lù zài le　　yǐ xī jié shū　　shū zhōng jì zǎi dào　　dāng sān shí nián sì yuè chū wǔ
并且记录在了《以西结书》。书中记载道："当三十年四月初五

rì　　tiān jiù kāi le　　dé jiàn shén de yì xiàng　　wǒ guān kàn　　jiàn kuáng fēng cóng běi fāng guā lái
日，天就开了，得见神的异象。我观看，见狂风从北方刮来，

suí zhe yǒu yì duǒ bāo kuò shǎn shuò huǒ de dà yún　　zhōu wéi yǒu guāng huī　　cóng qí zhōng de huǒ nèi
随着有一朵包括闪烁火的大云，周围有光辉，从其中的火内

fā chū hǎo xiàng guāng yào bān de jīng jīn　　yòu cóng zhōng xiǎn chū sì gè huó wù de xíng xiàng lái　　tā
发出好像光耀般的精金；又从中显出四个活物的形象来，他

men de xíng zhuàng shì zhè yàng　　rén de xíng xiàng　　gè yǒu sì gè liǎn miàn　　sì gè chì bǎng　　tā men
们的形状是这样：人的形象，各有四个脸面、四个翅膀，他们

de tuǐ shì zhí de　　jiǎo zhǎng hǎo xiàng niú dú zhī tí　　dōu càn làn rú guāng míng de tóng　　zài sì miàn
的腿是直的，脚掌好像牛犊之蹄，都灿烂如光明的铜；在四面

de chì bǎng yǐ xià yǒu rén de shǒu　　kě yǐ kàn chū lai　　yǐ xī jié bù dàn kàn dào le　　fā guāng de
的翅膀以下有人的手。"可以看出来，以西结不但看到了发光的

hái kàn dào jià shǐ zhè zhǒng fēi xíng qì de shēng wù　　bù nán xiǎng xiàng dào　　　　　bìng
UFO，还看到驾驶这种飞行器的生物。不难想象到，UFO并

bù shì xiàn dài rén　　　　　　　　de zhuān lì　　ér shì zǎo jiù chū xiàn zài rén lèi lì shǐ
不是现代人　　　　　　的专利，而是早就出现在人类历史

shàng le
上了。

UFO现象的三种猜测

对UFO现象的研究已经进行了几十年，其中对UFO的猜测更是五花八门，虽然大多数的猜测都有一定的证据支持，但是这些猜测大多都不能解释不明飞行物的特征，而只能解释极少数的目击事件。

针对大量UFO的目击报告、拍摄的照片和视频、目击者的证词等，现在有五种声音试图揭示UFO之谜，这五种解释都在一定程度上解释了一些现象，但是没有一个人能拿出有力的证据，说明这种解释是正确的。UFO至今仍然是未解之谜的原因和这个并不无关系，当然，政府对大量UFO报告的隐瞒，也让这件事情变得扑朔迷离起来。下面，就介绍对UFO现象的几种有根据的猜测。

外星文明的高科技产物

对于这个观点大多数人都是很认同的，因为UFO种种不可思议的现象，不是用自然现象、集体幻觉、人造飞行器等能解释的。而且，根据物种进化和宇宙的浩瀚，除了地球以外是一定存在外星生命的。这些外星生命有些科技不发达，有些科技发达，这些科技发达的外星生命于是乘坐UFO来到了地球，对地球进行考察或者是研究之类的工作，还有可能只是来旅游的。

虽然这种说法看似奇特，但却是有理有据，而且能

解释众多UFO的原因。

但是，还是有一些

人对这种看法持怀疑态

度，他们认为这些UFO如果是

外星人的交通工具，那么外星人为什么要来一

个比他们科技落后的星球，又为什么不主动和人类说呢？而且，

宇宙那么大，外星人又是如何做到长途旅行，并且准确无误地

找到地球，在地球上生存呢？还有许多怀疑的观点，让人对这

种观点也不敢苟同。对于这种观点的支持者，这些问题都得到

了很好的解答，但解答之后反对者就会提出新的观点，最后造成

无休止的争吵。

无法解释的自然现象

这种观点认为大多数UFO

现象都是由一些自然现象所产

生的，而这种自然现象是人类

目前还没有认识的，而且不常见

的现象。比如某种未知的天文或

大气现象，地震光，大气碟状

Tips 知识小百科

对于UFO的众多解释中，有少数人认为UFO可能纯属人类的心理现象，它产生于个人或一群人的大脑。UFO现象常常同人们的精神心理经历交错在一起，在人类大脑未被探知的领域与UFO现象间也许存在某种联系。

tuān liú　　　dì qiú fàng diàn xiào yìng děng　　duì yú zhè zhǒng shuō fǎ　　zhī chí zhě rèn wéi nà xiē fā guāng
湍流、地球放电效应等。对于这种说法，支持者认为那些发光

de　　　　　qí shí jiù shì xiē zì rán xiàn xiàng chǎn shēng de guāng liàng　　yīn wèi shí fēn shǎo jiàn
的 UFO，其实就是些自然现象产生的光亮，因为十分少见，

suǒ yǐ wù yǐ wéi shì　　　　ér qiě　　zhè zhǒng zì rán xiàn xiàng bù huì chí xù hěn jiǔ　　suǒ yǐ
所以误以为是 UFO。而且，这种自然现象不会持续很久，所以

jiù huì zào chéng　　　　　tū rán xiāo shī de xiàn xiàng
就会造成 UFO 突然消失的现象。

chí fǎn duì yì jian de rén duì zhè zhǒng shuō fǎ shí fēn fǒu dìng
持反对意见的人对这种说法十分否定，

yīn wèi　　　　　bù zhǐ shì fā guāng
因为 UFO 不只是发光

de　　yě bù shì bái tiān cái néng kàn
的，也不是白天才能看

dào de　　yǒu xiē zhào piān hé yǐng
到的。有些照片和影

xiàng néng qīng chǔ de kàn dào zhè xiē
像能清楚地看到这些

de xì jié　　ér qiě kě yǐ
UFO 的细节，而且可以

dé zhī zhè zhǒng wù tǐ yī dìng shì
得知这种物体一定是

rén zào de　　jù yǒu guī zé de xíng
人造的，具有规则的形

zhuàng hé jié gòu
状和结构。

人们自己的误认

yī xiē rén rèn wéi　　suǒ wèi de　　　　zhǐ shì rén men duì yǐ zhī de xiàn xiàng huò wù tǐ de
一些人认为，所谓的 UFO 只是人们对已知的现象或物体的

wù rèn　　bǐ rú kàn dào le jīn xīng líng rì shí　　jiù wù yǐ wéi shì　　　　dǎng zhù le tài yáng　　zhè
误认，比如看到了金星凌日时，就误以为是 UFO 挡住了太阳。这

xiē bèi wù rèn wéi shì　　　　de yuán yīn bāo hán hěn duō　　bǐ rú yī xiē tiān tǐ　　xiàng héng xīng
些被误认为是 UFO 的原因包含很多，比如一些天体，像恒星、

liú xīng　　huì xīng　　xíng xīng　　yǔn xīng děng　　bǐ rú dà qì xiàn xiàng　　xiàng jí guāng　　huàn rì
流星、彗星、行星、陨星等；比如大气现象，像极光、幻日、

huàn yuè　　ài ěr mó huǒ　　hǎi shì shèn lóu　　dì guāng　　qiú zhuàng shǎn diàn　　liú yún　　bǐ rú yī
幻月、爱尔摩火、海市蜃楼、地光、球状闪电、流云；比如一

xiē shēng wù　　xiàng fēi niǎo　　hú dié qún děng
些生物，像飞鸟、蝴蝶群等。

还有一些自身和外界的因素，比如生物学因素，像眼睛的缺陷、对海洋湖泊中飞机倒影的错觉、人眼中的残留影像等；比如光学因素，像窗户和眼镜的反光所引起的重叠影像、照相机的内反射和显影的缺陷所造成的照片假象等；

比如雷达假目标，像反常折射、散射、雷达副波、多次折射，来自电密层或云层的反射或来自高温、高湿度区域的反射等；还有一些是人造器械，如重返大气层的人造卫星、点火后正在工作的火箭、云层中反射的探照灯光、飞机灯光或反射阳光、军事试验飞行器、照明弹、信号弹、信标灯、降落伞、气球、秘密武器等。

这种说法能解释大多数的UFO目击报告，但这只是对这些虚假目击报告的解释，还有很多根本无法解释的现象，这些说法显然都站不住脚了。

关于UFO的是是非非

自从UFO的目击报告不断增加，再加上媒体对UFO和外星人事件的报道，UFO是否存在已经成为了许多人争论的话题焦点。现在主要分为两个观点，一个认为一切UFO现象都是虚假的，一个认为UFO现象是真的，但有些UFO是真，有些UFO是假而已。

自从20世纪40年代末起，不明飞行物的目击事件就开始急剧增多，这也引起了科学界的广泛争论。因为UFO是一种无法重复，出现没有规律的物体，科学家想要解开这个谜，就需要对其进行实验和研究，这就是UFO一直是未解之谜的一个原因。迄今为止，世界上对UFO尚未形成一种绝对权威的看法，这和政府封锁消息也有一定关系。

对UFO的肯定论

肯定论者认为，不明飞行物是一种真实现象，而且许多事实都可以证明这种物体的存在。那些相信UFO的科学家并不会把一切现象都归于UFO中，他们会根据已知的科学现象和理论，在不能对其解释的情况下，相信这种物体是UFO。而这也是判断一个物体是不是UFO的步骤之一。

对于肯定UFO的科学家来说，他们并不认为UFO就一定是外星人的交通工具。他们对UFO和外星人飞船两个概念分得很清楚，因为如果是外星飞船的话，就要对这种交通工具的各种性能、结构、能源、材料等进行分析，而这显然是不可能的。所以，这些科学家认为有一部分UFO属于人类未知现象，或者未知生命等。当然，更多的科学家支持UFO的"外星说"。因为科技的发展确实很伟大，就如同几百年前没有人会想到现在的人类能飞上月球，更不会想到现在的人类能创造出互联网一样。同样的道理，外星生命的科技也一定很发达，那么，他们就极有可能发展出超过人类的科技，轻而易举地前往地球，并且制造出UFO这种交通工具。

 ## 对UFO的否定论

这些科学家主要是依据现有的科学知识对UFO进行评价。一些科学家指出，UFO现象在许多方面和我们已知的基本科学规律完全不符，比如UFO的超高速、UFO的隐身能力和UFO的防护罩等。这些奇特的现象，是现有理论无法解释也无法理解

的，所以这也成为了 UFO 至今

没有被现代科学家所承认的主要

原因。但是，我们要知道，科学

家并不是否定 UFO 的存在，而是

不能解释 UFO 的存在，所以，人

类的科技还太落后，需要更大的

发展。

还有一些科学家根据大量虚假的目击报告，对一切 UFO 报告都给予否定。有些科学家还试图用幻觉、天气、心理学等学科对 UFO 进行解释，企图把 UFO 划为伪科学。这一类人的说法大多是以偏概全，没有丝毫的证据，所以被大多数人嗤之以鼻。

对UFO应该保持怎样的心态

首先一点，要明确两个事情。第一，不是所有科学解释不了的事情都是外星人干的，不是所有飞行物都是 UFO，有些飞行物只是人们从来没有见过而已。第二，不是所有科学解释不了的事情都是伪科学，UFO 的存在是一定的，这是不可争辩的事实。看似很矛盾，但一点都不。这只是告诉我们一定要思考，不要听信谣言。

大多数的 UFO 报告其实都是虚假的，可能是由于一些天气原因，或者是一些人造飞行物的原因。另外，这些报告大多描述不清不楚，看见的人又很少，照片也大多是不清不楚的，对于这样的报告，我们就应该持怀疑态度。有时候，我们还会听到这样的说法，比如某件事情科学解释不了，那么就怀疑是外星人干的。对于这类事情，我们首先应该思考一下，这件事情真的无法用科学解释吗？而不是看到一件事情我们无法理解，就听信他人不负责的言论。

比如曾经引起轰动的月球神秘闪光现象，很多人认为是外星人的飞船发光，或者是外星人在月球上建造了基地。但经过研究和观测后，这种闪光和外星人没有一点关系，而是月球遭受陨石撞击、火山喷发或者其他正常的物理现象罢了。再说一直被人们认为是火星人基地的人脸图形，经过火星探测器发回来的图片显示，这只是拍摄角度和光照的原因，导致一个普通不能再普通的土堆，成为人们认为的火星人基地。

UFO有哪些特征

UFO之所以成为大家争论的话题，无非就是因为它种种神奇的特征，那么UFO到底具备哪些神奇的特征呢？这些特征又是为什么让众多UFO爱好者着迷，而且每次出现都吸引许多人的眼球呢？下面，就介绍下UFO的一些神奇特征。

说起 UFO 的特征，任何人都能说出几个来，但很少有人能说出 UFO 所有的典型特征，这些特征也是 UFO 为何如此让人着迷的原因。

不可能的运动方式

要说 UFO 最神奇的地方就是它的运动方式。UFO 运动后，地球的物理法则仿佛不能约束它一般，处处都违背了我们熟知的物理定律。

一是速度。大部分 UFO 的速度都极快，快到一种不可思议的地步。目前人类能达到的最快的速度也不过是音速的 10 倍左右，大概是每小时 3000 多千米的速度。而 UFO 的速度却远远超过这个速度，最慢的 UFO 也可达到 24000 千米／小时，甚至是以更快的速度飞行，这是目前人类飞行器所望尘莫及的。要知道，飞行器如果速度过快，就对飞行器的材料要求很高。当飞行器的速度以20倍音速的速度飞行时，它的外表温度就会超过2000摄氏度，这是连钢铁都能熔化的温度。而且，过高的速度也会让飞机承受更高的压力，如果里面还存在飞行员的话，那么对于飞行员来说无疑是致命的环境。

二是反惯性。许多UFO都具有神乎其神的机动性，不但可以直角转弯，还能突然加速消失、突然停止、突然转向等。这些UFO具备的条件不但违反了物理定律，也违反了人类科学的基础，这对于人类来说是不可想象的。我们知道，一切物体都具有惯性，而UFO却仿佛没有惯性一般，可以随时改变方向，甚至是突然停止，这也是目前科学无法解释的地方。

三是UFO的隐身能力。UFO还具有隐身能力，一般分为以下几种情况：一部分人能看到，另一部分人看不到；能用肉眼看到，却在雷达和卫星上无法显示出来；能够瞬间隐形，瞬间出现。这种现象让人们对UFO的好奇心更盛，希望得知UFO隐身背后的秘密，而对于UFO为什么具备这种能力，没有人能说得清楚，这也就是一些人不相信UFO存在的原因。

神奇的外表特征

对于 UFO 来说，除了诡异莫测的运动方式，就是它的神奇外表了。

一是 UFO 的外形特征都很特殊。最常见的 UFO 就是碟形，这种 UFO 也是最早被认识，最早被人们所熟知的形象。除了这种形状外，还有球形、陀螺形、三角形、漏斗形、草帽形、纺锤形等，而且这些 UFO 的大小也各不相同，没有一个统一的标准。和人类飞行器不一样，基本上都采用流线型外观，两翼式结构，这种方式也是经过科学家反复讨论，最终确定下最适合飞行的外貌。而 UFO 的外貌却如此奇特，根本不符合飞行器的要求，但却能拥有极高的速度，这又是一个解释不了的现象。

二是 UFO 会发光。UFO 的发光并不固定，有的一直保持一个颜色，有些会不停变换色彩，还

Tips 知识小百科

经历无数次失败之后，那些长期致力UFO研究的科学家们发出忠告，当你有幸或不幸遇上UFO时，你不要试图先下手为强，因为这相当于用弹弓对一辆坦克，甚至有可能会丢掉生命。哪怕是现代化的武器，也不可能伤其分毫。

有些光线能任意收缩和弯曲，甚至是出现锯齿状。飞碟发光也并不都在晚上，而是飞碟出现的时候，都伴随着发光现象。

对于UFO为什么会发光，有些科学家认为它的运动能源是关键，当UFO快速移动的时候，就会产生热，自然就发出光线了。而一些变换的光，是因为UFO电离了周围的分子，各种离子所呈现的光亮。

"特异功能"

UFO除了运动方式和外观上的特殊，最让人着迷的地方就是它所具备的功能。这些功能大多都和人类有关。

一是UFO具有放射性现象。在一些UFO经过的地方，会出现一些神秘现象和放射性现象。比如会令经过地表的植物发生灼伤，种子不发芽，母牛不产奶，而且用放射性探测仪能测出高出周围区域的放射量。如果地下有人的话，还会让人出现不适、失去知觉等现象。

二是UFO具有电磁干扰功能。当UFO经过的时候，会出现电磁干扰现象。一些电磁元件会失灵或者损坏，而无线电通信等也会中断，仿佛被屏蔽了一样。等UFO远去之后，一切又恢复正常，而人们还不知道发生了什么事情。

是什么让我们对UFO着迷

UFO可以说是比世界八大奇迹传播还要广泛的词语，是什么让人们对UFO如此着迷？又是什么让UFO的每次出现都吸引许多人的眼球？对于这个问题，每一个人心中都有一个想法，不论是它神奇的一面，还是不为人知的一面。

据不完全统计，世界上人类最关心的问题就是外星生命是否存在，我们人类是否是太阳系中一个星球上的孤独智慧生物。对于这个问题，很多人给出了不同的看法，目前可以肯定的是，宇宙中存在外星人的概率要高于不存在的概率。

神秘的超自然现象

喜欢UFO的人，大多都是被那些神秘的超自然现象所吸引，不论是在空中快速地飞行，还是拥有不惧怕任何武器的防护罩。一个UFO专家曾经说过：对于UFO来说，让人好奇的不是它是什么，而是它本身。世界上有许许多多的人类还不知道的事情，比如人类的起源，地球何时出现，宇宙为什么会膨胀等。这些问题对于人类来说同样是未解的，但人类对这些事情表现的热情度就明显比UFO低很多。

中国就曾经对这种现象十分痴迷，许多古书典籍中都记载了古时候中国皇帝对这种超自然现象的崇拜。比如秦始皇就曾经见过类似于UFO的物体，在《拾遗记》卷四十一中就记载道："有宛渠之民，乘螺旋舟而至。舟形似螺，沉行海底，而水不浸入，一名'论波舟'。其国人长十丈，编鸟兽之毛以蔽形。始皇与之语及天地衫开之时，了如亲睹。"讲述了秦始皇曾经见过一个来自宛渠地方的生物，乘坐的是螺旋一样的交通工具，可以潜入水下。

让人类认清自己

世界之大，无奇不有。现代文明让人类享受到科技进步带来的好处，也让人类早已成为地球的主宰。UFO的出现，对人类来说是一次撼动，让人类了解到自己并不是无所不能，也不是无所不知的。通过对UFO的研究，可以让人类认清自己，了解人类还有很长的路要走。许多UFO专家通过UFO的研究工作，都认识到地球上有一种不被人类所

Tips 知识小百科

对任何事情都不能盲目相信，要保持一颗怀疑的心，对待一切好奇的事件。只有这样，才有可能找到这个事件的问题所在。UFO并不是指飞碟，飞碟只是UFO的一种，所以，我们不可以看见一些不明飞行物，就说它是飞碟。

认识，而且凌驾于人类科技之上的物体，这种物体对人类认识自

我和发展科技有很大帮助。

对外星人的好奇

人们为什么对UFO如此热衷？大多数人都会回答：UFO是

外星人的飞船，如果证明了UFO的存在，那么外星人也就存

在了。这种观点很多人都有，就像提起UFO，人们第一个想

到的肯定是飞碟，或者是外星人的飞船。据最近在欧洲的一次调

查结果显示，人们最想知道的十大事件之中，排名第一的就是

是否有外星生命，人类是否是宇宙中孤独的智慧生命体。而

UFO表现的各种超科技本领，无疑会被人们认为是外星生命

制造的飞船，是用来观测人类的工具。

除了对外星人的好奇外，一些UFO绑架事件的出现，让人

更加相信外星人就是UFO的驾驶者。1975年的一天夜晚，一个

阿根廷人从饭店出来，当他正准备上车的时候，突然发现一个

发光的神秘光球出现在他的上方，强烈的光线让这个阿根

廷人睁不开眼，一会儿，这个阿根廷人就失去了知觉。等他再一

次醒来的时候，他已经出现在800公里以外的地方，而当时仅仅

过了5分多钟。这起绑架案，让很多人相信UFO和外星人有必

然的联系，也为证明外星生命的存在提供了一个线索。

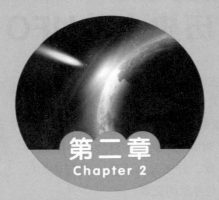

第二章
Chapter 2

热点事件——中外
目击 UFO 事件扫描

中国古代就出现了UFO？国家领导人与外星人接触过吗？香港万人目睹UFO事件的经过是什么样的？"飞碟"一词是何时出现，又是何时广泛传播的呢？这一切的问题，都会在这一章中解决。让我们一起来看看世界上那些神奇的UFO事件，共同分析UFO事件的谜团，探索UFO的神秘之处！

中国历史上的UFO目击事件

中国自古以来就有许多传说，不论是神话还是史书中的记载，仿佛都在告诉现代的人，UFO现象并不只是现代的专利。古人的科技不发达，对UFO现象大多以为是神明或者是天上的异象，许多皇帝出生或者打仗的时候，都有一些异象的记载。

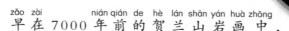

zǎo zài   nián qián de hè lán shān yán huà zhōng
早在 7000 年前的贺兰山岩画中，

jiù yǒu yī xiē jì zǎi shì zú gōng shè shēng huó de huà miàn   qí zhōng yǒu yī xiē tú huà   ràng rén kàn
就有一些记载氏族公社生活的画面，其中有一些图画，让人看

zhe shí fēn qí guài   yán huà zhòng de rén tóu yuán xíng tóu kuī   shēn chuān mì fēng yī fu   hé xiàn dài
着十分奇怪。岩画中的人头圆形头盔、身穿密封衣服，和现代

yǔ háng yuán de xíng xiàng jí qí xiāng sì   zuì lìng rén jīng tàn de shì hè lán shān nán duān   níng xià
宇航员的形象极其相似。最令人惊叹的是贺兰山南端、宁夏

chōng gōu dōng de yī fú yán huà shàng   hái néng kàn jian liǎng gè xuán zhuǎn de fēi dié   fēi dié kāi kǒu
冲沟东的一幅岩画上，还能看见两个旋转的飞碟，飞碟开口

chù   zhàn zhe yī gè shēn chuān   yǔ háng fú   de rén   dì miàn shang de dòng wù hé rén qún dōu
处，站着一个身穿"宇航服"的人，地面上的动物和人群都

bèi xià de sì sàn táo pǎo   zhè xiē bì huà jiù hěn kě néng shì   chū xiàn zài hè lán shān yī dài
被吓得四散逃跑。这些壁画就很可能是UFO出现在贺兰山一带

de shēng dòng xiě zhào
的生动写照。

 ## 中国古代小说中记载的怪异现象

yào shuō qǐ zhōng guó gǔ dài xiǎo shuō zhōng jì zǎi de guài yì xiàn xiàng   shǒu xiān jiù shì dōng jìn
要说起中国古代小说中记载的怪异现象，首先就是东晋

rén gān bǎo suǒ zhù de   sōu shén jì   qí zhōng yǒu yī piān yuán wén zhè yàng xiě dào   sūn xiū yǒng
人干宝所著的《搜神记》，其中有一篇原文这样写道："孙休永

ān sān nián sān yuè   yǒu yī yì er   cháng sì chǐ yú   nián kě liù qī suì   yī qīng yī   hū lái
安三年三月，有一异儿，长四尺馀，年可六七岁，衣青衣，忽来

cóng qún ér xì   zhū er mò zhī shí yě   jiē wèn yuē   ěr shuí jiā xiǎo ér   jīn rì hū lái
从群儿戏。诸儿莫之识也，皆问曰：'尔谁家小儿，今日忽来？'

答曰：'见尔群戏乐，故来耳。'

详而视之，眼有光芒，外射。

诸儿畏之，重问共故，儿乃答

曰：'尔恐我乎？我非人也，乃荧

惑星也。将有以告尔：三公归於

司马。'诸儿大惊。或走告大人。

大人驰往观之。儿曰：'舍尔去

乎。'耸身而跃，即以化矣。仰

而视之，若曳一疋练以登天。大

人来者，犹及见焉。飘飘渐高，有顷而没。时吴政峻急，莫敢宣

也。后四年而蜀亡，六年而魏废，二十一年而吴平，是归於司马

也。'"

这段话的意思大致为：三国时代，一群吴国的小孩正在玩

游戏，突然一个和其他孩子不一样的儿童出现在这群孩子的面

前。这个小孩穿着青色的衣服，有三四尺高的样子，眼睛还会放

光。这群小孩都很怕他，他告诉这群小孩他不是地球人，而是来

自"荧惑星"，也就是现在的火星。他还告诉他们说：最后统一三

国的是司马家的人。说完后就飞走了。看到这些，可能会认为小

说中的不可信，但是无论什么小说，都是从现实中演变而来，

这也说明确实有这一类的事情出现。

正史中出现的UFO记录

先从"史家之绝唱"——

《史记》说起。《史记·周本纪》

有如下描述:"九年,武王上祭

于毕。东观兵,至于盟津……

既渡,有火自上覆于下,至于

王屋,流为乌,其色赤,其声

Tips 知识小百科

中国古代对这一类神奇的现象有很多描述,不论是驾云的仙人,还是能直接飞上天的神仙,都从侧面告知我们,曾经似乎有一群可以直接飞上天的人,他们不但出现在人类的面前,还教会人类很多事情,帮助人类的发展。

魄云……"这句话的大意为:武王九年的时候,天上飞下来一个

火红火红的物体,停留在了周武王营帐的上空,后来又飞走

了。这个东西远看像是一只鸟,还有声响。之后,武王把这个

当作伐纣的祥瑞,于是出兵讨伐纣王,最后大胜。

《新唐书·天文志廿二》中记载:"唐昭宣帝天祐二年(905

年)叁月乙丑,夜中有大星出中天,

如五斗器,流至西北,去

地十馀丈而止,上有

星芒,炎如火,赤而黄,

长五丈许而蛇行,小星皆

动而东南,其陨如雨,少

顷没,后有苍白气如竹丛,

上冲天,色懵懵。"大

概意思就是有一个火红色的发光体，在空中摇摆前进，最后飞上天空。

除了这些，史书中还有许多类似记载。可以看到，这些正史中记载的东西，大多数都是历史上出现过的，而且没有被夸大，或者加工过。通过这些信息，不难发现UFO现象是一种很普遍的现象，就连古人都遇见很多。

中国古代历史名人的UFO目击事件

沈括是宋朝的大科学家，他在天文、地质、物理、医学等多方面皆有成就，在其著的《梦溪笔谈》中有这样一段话："嘉祐中，扬州有一珠甚大，天晦多见。初出于天长县陂泽中，后转入甓社湖中，又后乃在新开湖中，几十余年，居民行人常常见之。余友人书斋在湖上，一夜忽见其珠甚近，初微开其房间，光自吻中出，如横一金线。俄顷忽张壳，其大如半席，壳中白光如银，珠大如拳，灿然不可正视，十余里间林木皆有影，如初日所照，远处单见天赤如野火。悠然远去，其行如飞，浮于波中，杳杳如日。"

不难看出，沈括记述的是一起真实的UFO案例，跟现代人的目击报告十分相似。其所叙之事很像是一个外星球的飞行器莅临我国江南水乡的生动记录，毫无梦境幻觉的妄言或神鬼迷信的色彩。

国外历史上的UFO目击事件

UFO一词是外国创造出来的，可见国外对UFO事件是多么关注。当然，UFO并没有地域上的限制，不是说只在中国的历史上出现，外国也有很多相关的记载。有些地方甚至保存了比较完整的记录和图像，这对UFO的研究，有重要的作用。

国外历史上的 UFO 目击事件也很多，比如《圣经》中就曾记载，先知以西结就曾目睹过一个大火球从天空中飞过，火球中还有人的形象。这应该是宗教书籍中对 UFO 的最早记录，也可以证明 UFO 事件的发生在历史上是十分频繁的。

 ## 历史上第一篇文字记载的UFO记录

梵蒂冈埃及博物馆馆长有众多的收藏物，其中有一张古老的埃及莎草纸，本来这张草纸没有任何让人注意的地方，但人们在整理这些东西的时候，无意间发现这张草纸记录的内容十分奇特。草纸上记录了公元前1500年左右，图特摩斯三世和臣民目击疑似 UFO 群出现的场面："22 年冬季第 3 日 6 时……生命之宫的抄写员看见天上飞来一个火环……它无头，喷出恶臭。火环长一杆，宽一杆，无声无息。抄写员惊惶失措，俯伏在地……他们向法老禀报此事，法老下令核查所有生命之宫莎草纸上的记载。数日之后天上出现更多此类物体，其光足以蔽日，并展之天之四维……火环强而有力，法老站于军中，与士兵静观其景。晚餐之后，火环向南天升腾……法老焚香祷告，祈求平安。"

此次的记录被下令记录在了生命之宫的史册上，而这张草纸就是史册上的一页，这才保留住了历史上一次UFO的目击记录。

曾经坠毁的UFO

1897年4月19日，美国得克萨斯州的《达拉斯晨报》上有这样的一篇报道。当天早晨6点左右，镇上的居民在天空中看见一艘飞艇，因为飞机是1903年才被发明的，所以当时没有飞机的概念。这艘飞艇仿佛损坏了一样，直接坠落在地上，并且撞上了一名法官的农场里的货

Tips 知识小百科

历史上还有许多关于UFO的记录，没有人知道当时人们看到了什么。但是通过对这些记录的分析，无疑让现代人感到吃惊，因为这些描述就连现代人都无法办到，而有些描述，明显夹杂着科技含量，这是古代人如何也幻想不出来的。

车。坠落后的残骸散落在好几亩地上，同时还发现了一具外星人的尸体。

威姆斯是当地的一名陆军士兵，他当时也来到了这次事故现场。据他描述，这个外星人全身已经被烧焦，身上还有一些文字记录，这些文字很像象形文字，当时没有办法破译，只好先收藏起来。除了外星人尸体外，就是这艘飞船的残骸。据他描述，这种飞船上的材料是一种金属，有点类似于铝和银的混合物，重量十分大，有数吨重。就算到了今天，一些小镇上的居民都声称见过这个飞艇坠毁的地方，而且有些人收集到了一些奇怪的金属碎片。

这起外星人目击记录是很有影响性的，也是具有代表性的事件。这件事情被披露后，许多 UFO 爱好者前往此地，想要知道这件事情是真是假。经过一些调查，发现其中有个细节描述看起来似乎很符合现代化的特征，那就是这艘"飞艇"中只有一个飞行员，这个描述在当时连飞机都没有的情况下，似乎有点儿不可思议。

这个惊人的外星人接触事件具有非常多的特征，让人感到其真实性。比如，坠毁的飞船、数十名小镇居民目击、死亡的

wài xīng rén　　　hái yǒu jīn shǔ cán hái děng　　　zhè xiē yuán sù kě bú shì lái zì yī běn xiǎo shuō　　zài zhè
外星人，还有金属残骸等，这些元素可不是来自一本小说。在这

xiē yuán sù de zōng hé zuò yòng xià　　shǐ de zhè qǐ wài xīng rén jiē chù shì jiàn biàn de fēi cháng pū shuò
些元素的综合作用下，使得这起外星人接触事件变得非常扑朔

mí lí
迷离。

 ## 沉没在海底的UFO

yán jiū rén yuán chēng　　　zài wèi yú ruì diǎn hé fēn lán zhī jiān shēn dá　　yīng chǐ
研究人员称，在位于瑞典和芬兰之间深达300英尺(91.44

mǐ de hǎi chuáng shang　　tōng guò shēng nà sǎo miáo　　tā men ǒu rán fā xiàn le yī gè cáng zài yū
米)的海床上，通过声纳扫描，他们偶然发现了一个藏在淤

ní lǐ　　zhí jìng　　mǐ de fēi dié zhuàng wù tǐ　　jīng guò zǐ xì de yán jiū　　fā xiàn zhè ge wù
泥里，直径18米的飞碟状物体。经过仔细的研究，发现这个物

tǐ jù yǒu wán měi de huán xíng jié gòu　　shì dà zì rán hěn nán xíng chéng de　　zhè xiē yán jiū rén yuán
体具有完美的环形结构，是大自然很难形成的。这些研究人员

shì zài sōu xún yī sōu yǐ yǒu　　　nián lì shǐ de chén chuán shí yì wài fā xiàn zhè ge bù míng wù tǐ
是在搜寻一艘已有100年历史的沉船时意外发现这个不明物体

de　　zhì yú zhè ge dōng xi shì shén me　　hěn duō rén dōu zài cāi cè　　zuì duō de xiǎng fǎ jiù shì
的。至于这个东西是什么，很多人都在猜测，最多的想法就是，

zhè shì yī jià wài xīng rén de fēi dié　　rú guǒ shì shí
这是一架外星人的飞碟，如果事实

rú cǐ　　nà me zhè jià fēi dié
如此，那么这架飞碟

kě néng shì zuì dǎo méi de
可能是最倒霉的

fēi dié le
飞碟了。

引燃UFO探索热的阿诺德事件

UFO是如今世界上最让人好奇的谜团，它的每次出现，都会引来大范围的报道。对于UFO的好奇是因为一次事件，正是因为此次事件，不但出现UFO这个词，还出现了大量研究UFO的团体，这个事件就是"阿诺德事件"。

1947年6月24日这一天对很多人来说并不重要，但对UFO爱好者来说，这一天无疑能载入UFO的研究史。就在这一天，UFO成为了世界关注的话题，也成为了无数人心中的谜团。那么，当时到底发生了什么事情呢？

历史著名的阿诺德事件

美国人肯尼斯·阿诺德在6月24日的这一天，驾驶飞机从华盛顿的麦哈里斯机场起飞，去搜寻一家坠毁在卡斯开山的C-46运输机。当时的天气十分好，能见度很高。当阿诺德驾机在莱尼尔峰上空3500米的高度飞行时，忽然看到飞机的侧面有一道十分耀眼的闪光。他被这道闪光晃到了眼睛，过了一会儿后，才恢复过来。他环视了一下四周，发现有九个闪闪发光的圆盘形物体出现在周围，这些物体排成两列梯队，正在从另一座山的方向往南飞。当这些圆盘形物体从他的飞机前飞过时，阿诺德测算了一下它们的飞行速度，大概为每小时1900千米，是当时普通飞机的三倍速度。

看到这不可思议的一幕后，阿诺德迅速返回了飞机场，并且将这件事告诉了别人。但是，据飞机场的地面雷达人员称，当时并没有其他飞行器经过，雷达上一点显示也没有。而阿诺德坚持自己确实看到了这样的物体，而且十分生动地描述了当时看到的场景。这件事情引起了当地报社的关注，记者随即对他进行了采访，在接受记者采访时他说，这些飞行物"像馅饼碟一样扁平"，而且飞行的时候能不规则地转向，"就像碟子掠过水面"。由于这些神奇的说法，阿诺德遭遇"飞碟"的故事瞬间成为了当天报纸的头条新闻。于是，"飞碟"这个名词被创造了出来，顿时引起了许多人的关注。

事件过后的疯狂

此后几个月内，对飞碟事件的报道以不可思议的速度增长，从世界各地纷纷传来了数百万起发现飞碟的报道。这些报道无一例外成为了头条新闻，而且这一趋势一直有增无减，光是当年独立节的那一周，一天之内看到 UFO 的报道就多达百起。不管阿诺德当时究竟看到了什么，飞碟时代从此开始了。

当时的美国民众怀疑，这些飞碟可能是美国军方正在研制的秘密飞行器，而美国军方则担心这些飞碟是外国派来的新型侦察飞行器。正因为民众和军方的担心，美国政府从1948年起制定了"迹象计划"，开始着手调查UFO现象。从1948年到1952年间，美国军方对UFO进行了大量秘密调查，最后得出了结论：UFO对美国国防并不构成威胁，无需加以重视。与此同时，大量的UFO爱好者也出现了，他们从最开始进行小型集会，到最后形成一个专门的团体，为研究UFO现象做出了不懈的努力。

政府与民间的UFO之争

经过大量的UFO报道后，政府和民间都对这种现象进行了研究和分析。然而，大家的方向似乎不一样，政府需要通过科学证明UFO是什么、原理以及构造，而民间更在乎UFO是不是外星人驾驶的。正是因为这些原因，政府对一些UFO目击报告进行解释的时候，总会遭到民间研究团体的攻击。民间

UFO研究者们认为，政府有意隐瞒UFO是外星人的飞船这一事实，原因是不想引起人类的恐慌。一旦抱定了这样的想法，那么美国军方对UFO的任何解释或否认，就都被当成了军方试图掩盖真相的新证据。

然而，意想不到的事情发生了，美国政府突然退出了UFO的研究。这一决定引起了民间UFO研究者的猜测。一种观点认为政府打算不再研究UFO，因为没有任何的意义。另一观点认为美国政府决定暗地里研究，因为他们已经掌握了UFO的关键证据。而事实上，美国情报部门是因为UFO报告的激增，严重影响了其正常的工作。所以，对UFO的研究不再深入，防止有敌对国家

从中捣鬼，破坏美国政府的情报机构。至此，UFO的政府和民间之争算是告一段落，但是，一些重大的UFO事件，还是不可避免牵扯到这种争论。

总统目击UFO的记录

许多UFO目击报告都是些普通人，一些UFO反对论的人，说这些人不具备专业知识，把一些奇怪的东西都当成了UFO。事实上，目击到UFO的人并非都是平头百姓，有不少人是科学家或者知名人士，只是因为一些原因没有被披露出来而已。

最（zuì）出（chū）名（míng）的（de） UFO 目（mù）击（jī）者（zhě）应（yīng）当（dāng）是（shì）曾（céng）担（dān）任（rèn）美（měi）国（guó）总（zǒng）统（tǒng）的（de）吉（jí）米（mǐ）·卡（kǎ）特（tè），他（tā）曾（céng）经（jīng）是（shì）乔（qiáo）治（zhì）亚（yà）州（zhōu）州（zhōu）长（zhǎng）的（de）时（shí）候（hou），就（jiù）看（kàn）见（jian）过（guò） UFO。后（hòu）来（lái），美（měi）国（guó）著（zhù）名（míng）的（de）空（kōng）中（zhōng）现（xiàn）象（xiàng）调（diào）查（chá）委（wěi）员（yuán）会（huì）对（duì）卡（kǎ）特（tè）总（zǒng）统（tǒng）的（de）目（mù）击（jī）事（shì）件（jiàn）进（jìn）行（xíng）了（le）记（jì）录（lù），当（dāng）时（shí）的（de）卡（kǎ）特（tè）以（yǐ）州（zhōu）长（zhǎng）的（de）身（shēn）份（fen）接（jiē）受（shòu）访（fǎng）问（wèn），可（kě）见（jiàn）这（zhè）起（qǐ）事（shì）件（jiàn）绝（jué）对（duì）真（zhēn）实（shí）。

一次真实的记录

1973（nián）年（yuè）9（rì）月 18 日，当（dāng）时（shí）任（rèn）州（zhōu）长（zhǎng）的（de）卡（kǎ）特（tè）以（yǐ）书（shū）信（xìn）及（jí）填（tián）表（biǎo）的（de）形（xíng）式（shì）向（xiàng）美（měi）国（guó）空（kōng）中（zhōng）现（xiàn）象（xiàng）调（diào）查（chá）委（wěi）员（yuán）会（huì）报（bào）告（gào）了（le）他（tā）目（mù）击（jī） UFO 的（de）经（jīng）过（guò）。这（zhè）次（cì）报（bào）告（gào）由（yóu）调（diào）查（chá）员（yuán）哈（hā）里（lǐ）·赖（lài）德（dé）曼（màn）负（fù）责（zé）。卡（kǎ）特（tè）总（zǒng）统（tǒng）不（bù）但（dàn）是（shì）飞（fēi）碟（dié）目（mù）击（jī）者（zhě），而（ér）且（qiě）还（hái）是（shì）第（dì）一（yī）位（wèi）向（xiàng）美（měi）国（guó）民（mín）众（zhòng）公（gōng）开（kāi）声（shēng）明（míng）自（zì）己（jǐ）曾（céng）目（mù）击（jī）过（guò） UFO 的（de）总（zǒng）统（tǒng），所（suǒ）以（yǐ），这（zhè）次（cì）调（diào）查（chá）被（bèi）完（wán）整（zhěng）地（de）保（bǎo）存（cún）了（le）下（xià）来（lai）。

1969（nián）年（yuè）10（de）月（yī）的（tiān）一天，在（zài）佐（zuǒ）治（zhì）亚（yà）州（zhōu）利（lì）里（lǐ）市（shì）工（gōng）作（zuò）的（de）卡（kǎ）特（tè），正（zhèng）准（zhǔn）备（bèi）参（cān）加（jiā）一（yí）个（gè）晚（wǎn）上（shang） 7 点（diǎn）多（duō）的（de）户（hù）外（wài）会（huì）议（yì）。就（jiù）在（zài）这（zhè）时（shí），参（cān）加（jiā）会（huì）议（yì）的（de）一

个人高声喊道:"天哪,你们快看天上,那是什么?"卡特听到后,抬头往天上看,很快就发现一个不明发光物体。这个发光物体静止不动,但会改变亮度和大小,有时还会改变颜色。这个不明发光物体看起来是从远距离向卡特这边移动过来的,停了一会儿,又开始移动,后来又离去。起初的时候呈蓝色,然后呈红色,当时很亮,卡特没看到中心。这次的观察时间长达十多分钟,期间有其他十位当时美国的社会名流也看到了这一现象。

会是其他物体吗

卡特在接受调查时,调查员向卡特总统问了很多问题,排除了这个UFO是飞机之类的东西,也不可能是球形闪电的一类自然现象。首先卡特十分清楚地记得,当时的天气很好,天空中还能看见不少星星,这个物体要比星星亮,和月亮的亮度差不多。而且,这个物体很大,和月亮的大小相同。其次,卡特也

méi yǒu jiè zhù guāng xué yí qì huò zhě qí tā qì xiè
没有借助光学仪器或者其他器械

jìn xíng guān cè zhè jiù pái chú le kě néng shì jī
进行观测，这就排除了可能是机

xiè de wèn tí zuì hòu jīng guò zhèng shí dāng
械的问题。最后，经过证实，当

shí kǎ tè suǒ zài de dì fang gēn běn méi yǒu fēi jī
时卡特所在的地方，根本没有飞机

chǎng jūn shì shè shī zhèng fǔ jī guān huò yán
场、军事设施、政府机关或研

jiū suǒ jī gòu zhè yě jiù pái chú le shì rén zào fēi
究所机构，这也就排除了是人造飞

xíng qì de kě néng
行器的可能。

Tips 知识小百科

有UFO分析专家认为，美国总统虽然掌握世界最高权力，但是并不代表美国总统就知道UFO确实存在。可能为了避免恐慌，美国总统根本不了解这件事情，UFO的相关事情都是由一个秘密机构负责，这个机构独立于美国政府。

jīng guò zhè xiē xún wèn hé diào chá hòu kě yǐ què dìng kǎ tè dāng shí kàn dào de yīng gāi jiù
经过这些询问和调查后，可以确定卡特当时看到的应该就

shì zhī hòu kǎ tè dāng shàng zǒng tǒng hòu duì zhè jiàn shì jiù gèng què xìn le píng jiè
是 UFO，之后卡特当上总统后，对这件事就更确信了。凭借

shǒu shang de quán lì kǎ tè zǒng tǒng diào chá le xǔ duō xiāng guān zī liào fā xiàn mù jī
手上的权力，卡特总统调查了许多相关资料，发现 UFO 目击

shì jiàn zài měi guó shì yī jiàn
事件在美国是一件

hěn píng cháng de shì
很平常的事

qíng měi nián dōu
情，每年都

yǒu jiāng jìn yī qiān
有将近一千

qǐ mù jī bào gào
起目击报告，

zhè jiù gèng ràng kǎ
这就更让卡

tè zǒng tǒng jiān xìn
特总统坚信

zì jǐ dāng shí kàn
自己当时看

dào dí què shí shì
到的确实是

UFO。

其他总统的UFO目击记录

1960 年 11 月，肯尼迪当选第 35 届美国总统。据说，肯尼迪总统曾经在船上的时候，看见了一个不明飞行物。当时是 1963 年，肯尼迪在他的老家雅尼斯港附近划船，突然看见一个银色的物体出现在不远处。这个物体没有发光，但正在缓缓下降，所以船上的许多人都看到了这个东西。肯尼迪回到白宫后，就把这件事情记录在了总统手册里面，一直保存了起来。肯尼迪总统遇刺身亡后，人们在总统图书馆内找到了少量有关 UFO 的记录，其中就有关于这次的目击记录。

除了肯尼迪外，几乎每一届的美国总统都有幸见过 UFO，最近的一次是在 2005 年 4 月 27 日，当时的美国总统是小布什。有报告称，一个不明飞行物突然出现在白宫禁区，总统小布什和副总统切尼立刻被送到了地下掩体中。但是，经过一段时间后，这个不明飞行物就消失了，警报也随之解除。随后白宫发布了公告，说这次事件是因为雷达屏幕出现了问题，不是 UFO 的原因。但是，这样的解释明显有问题，许多美国人更相信这次事件是 UFO 的一次警告。

UFO参观人类的活动

U FO对人类的好奇心很重，经常会出现在一些比较重要的事情上，比如航天飞船的发射现场，或者是足球赛场之类。当然，我们不知道UFO是否也能欣赏足球，但他们可能对人们喜欢这种运动的原因更感兴趣些。

yǒu guān de bào dào yuè lái yuè duō ér xǔ
有关 UFO 的 报道 越来越多，而许

duō céng jīng de dàng àn yě bèi yī yī jiē mì yī xiē xiǎn wéi rén zhī de àn lì zhú jiàn fú xiàn
多曾经的 UFO 档案也被一一揭秘，一些鲜为人知的案例逐渐浮现

chū lái zhè xiē àn lì biǎo míng duì rén lèi de huó dòng chōng mǎn le hào qí xīn kě néng
出来。这些案例表明，UFO 对人类的活动充满了好奇心，可能

tā men lái dào dì qiú de mù dì jiù shì wèi le yán jiū rén lèi
他们来到地球的目的就是为了研究人类。

UFO也喜欢观看英超

yīng guó zài zuì jìn gōng bù de dàng àn zhōng yǒu yī zé guān yú chū xiàn zài
英国在最近公布的 UFO 档案中，有一则关于 UFO 出现在

yīng chāo bǐ sài xiàn chǎng de jì lù zhè ge dàng àn yǐn qǐ le rén men de hào qí mò fēi wài xīng
英超比赛现场的记录，这个档案引起了人们的好奇，莫非外星

rén yě xǐ huān kàn zú qiú sài nà me tā men xǐ huān nǎ ge duì ne zhè chǎng bǐ sài fā shēng
人也喜欢看足球赛？那么，他们喜欢哪个队呢？这场比赛发生

zài nián de yīng gé lán zú zǒng bēi sì fēn zhī yī bǐ sài qī jiān dāng shí yī míng fù zé wéi
在 1999 年的英格兰足总杯四分之一比赛期间，当时一名负责维

hù zhì xù de jǐng chá zài qiú chǎng shang kàn dào le yí sì de wù tǐ tóng shí hái yǒu yī
护秩序的警察在球场 上看到了疑似 UFO 的物体，同时还有一

míng lǚ diàn lǎo bǎn kàn dào le zhè ge bù míng wù tǐ
名旅店老板看到了这个不明物体。

zhè chǎng bǐ sài shì dāng nián zuì jīng cǎi de yī chǎng bǐ sài yóu lǎo pái qiáng duì màn lián duì
这场比赛是当年最精彩的一场比赛，由老牌强队曼联对

kàng qiè ěr xī jù lè bù dāng shí guān kàn bǐ sài de rén shù chāo guò le bǎi wàn rén zhèng dāng liǎng
抗切尔西俱乐部，当时观看比赛的人数超过了百万人。正当两

duì zài qiú chǎng shang jiào liàng de shí hou　　tiān kōng zhōng hū rán chū xiàn bù míng fēi xíng wù　　bǐ sài
队在球场上较量的时候，天空中忽然出现不明飞行物。比赛

jié shù hòu　　　yī míng fù zé wéi chí zhì xù de jǐng chá zuò wéi mù jī zhèng ren tí gōng le zhèng cí
结束后，一名负责维持秩序的警察作为目击证人提供了证词，

tā chēng zhè ge bù míng fēi xíng wù shí fēn qí tè　　gēn běn bù xiàng shì dì qiú shang de wù tǐ　　bù
他称这个不明飞行物十分奇特，根本不像是地球上的物体。不

guò　　dāng shí zài chǎng de rén suī rán zhòng duō　　dàn méi yǒu yī gè rén zhù yì tóu dǐng de yì yàng
过，当时在场的人虽然众多，但没有一个人注意头顶的异样，

quán bù zài xìng zhì bó bó de guān
全部在兴致勃勃地观

kàn bǐ sài　　dàn shì　　zhè ge bù
看比赛。但是，这个不

míng wù tǐ jiàng luò de shí hou
明物体降落的时候，

bèi yī gè dāng dì lǚ diàn lǎo bǎn
被一个当地旅店老板

kàn dào le　　　bìng qiě shēng chēng
看到了，并且声称

yǒu liǎng míng chuān yín sè wài tào de
有两名穿银色外套的

wài xīng rén　　cóng bù míng fēi xíng
"外星人"从不明飞行

wù zhōng zǒu chū lai　　　yǒu
物中走出来。有 UFO

zhuān jiā chēng　　wài xīng rén kě néng shì xiǎng yán jiū rén lèi de wén huà huó dòng　　suǒ yǐ cái duì yī xiē
专家称，外星人可能是想研究人类的文化活动，所以才对一些

zhòng dà bǐ sài gǎn xìng qù　　bìng qiě dāng shí tí xǐng　　　nián jiāng zài lún dūn jǔ xíng de ào yùn
重大比赛感兴趣，并且当时提醒2012年将在伦敦举行的奥运

huì　　hěn yǒu kě néng huì yǒu bù míng fēi xíng wù de guāng lín　　yīn wèi duì yú wài xīng rén lái jiǎng
会，很有可能会有不明飞行物的光临，因为对于外星人来讲，

ào yùn huì zhè zhǒng jǔ shì zhǔ mù de shèng huì　　wú yí shì zhǎn xiàn zì jǐ de hǎo shí jī
奥运会这种举世瞩目的盛会，无疑是展现自己的好时机。

航天飞机直播中的不明物体

　　　　　nián de shí hou　　měi guó　　yà tè lán dì sī　　hào háng tiān fēi jī zhèng zài tài kōng
2006 年的时候，美国"亚特兰蒂斯"号航天飞机正在太空

zhí xíng rèn wu　　　ér měi guó háng tiān jú duì qí rèn wu guò chéng jìn xíng le xiàn chǎng zhí bō　　zài
执行任务，而美国航天局对其任务过程进行了现场直播。在

zhè chǎng zhí bō zhōng　　yī xiē rén fā xiàn le yǒu sān gè yuán xíng wù tǐ zhèng zài zhōu wéi huǎn huǎn yí
这场直播中，一些人发现了有三个圆形物体正在周围缓缓移

动。一名机组人员透露："这个结构很显然不是飞船。它与我们以前在航天飞机外看到的任何东西都不一样：这个物体快速移动到航天飞机的前端，并且在距离至少30多米时突然飞走了。接下来，就没有任何值得注意的事情发生，但是就在相机拍摄航天飞机另外一端时，却又发现了三个不明飞行物体。当时地面人员说，这个东西并不是飞行器，只是一些东西在相机上留下的痕迹而已。但是航天飞机的机组人员并不这样认为，其中一人确认他们看到的是3个移动的物体。

然而，这个视频太过于模糊，根本无法确定这三个神秘的 物体是不 是 外 星 人 的 飞 船。许多研 究 人 员 称，这三 个东西很有可能是太空垃圾，是太空垃圾为何会形成编队飞行，这点就无从所知了。

外星人来到地球的目的尚未可知，但UFO的种种奇特现象告诉我们，他们很有可能是来研究我们的。外星人很可能是对我们的文明好奇，想观察地球上的人类文明会走向何处，就和人类观察动物的习性一样。

第三章
Chapter 3

史前遗迹——悬疑
重重的UFO传说

现在的地球上还保存着一些史前遗迹，有些让人惊叹，有些让人诧异，有些让人大呼不可能！这些不可能存在的史前遗迹，就连现代人都无法完成，更何况史前人类呢！不论是古代埃及的金字塔，还是化石中的人类鞋印，这些东西的出现，让人们不禁想到，莫非外星人史前就出现在地球上了？

埃及金字塔是UFO的航标吗

埃及是古代四大文明古国之一，曾经拥有众多的发现和成就，其中让人最为惊叹的要属众多的金字塔。这些金字塔零散地分布在埃及的各个地方，里面埋葬的是每一代的埃及法老和其亲属。这些金字塔有大有小，最大的胡夫金字塔更是令人叹为观止。

āi jí qì jīn yī gòng fā xiàn le　　zuò dà xiǎo bù yī de jīn zì tǎ　zhè xiē jīn zì tǎ
埃及迄今一共发现了108座大小不一的金字塔，这些金字塔
de xíng zhuàng xiāng tóng　ér qiě dōu shì yóu zhòng dá shù dūn zhì shù bǎi dūn bù děng de shí kuài duī lěi
的形状相同，而且都是由重达数吨至数百吨不等的石块堆垒
ér chéng　jīn zì tǎ de yán jiū zhě men bù guāng duì jīn zì tǎ nèi de mù nǎi yī hào qí　hái duì jīn
而成。金字塔的研究者们不光对金字塔内的木乃伊好奇，还对金
zì tǎ běn shēn de jiàn zào hěn hào qí　shì shén me gōng jù hé lì liàng　néng xiū jiàn rú cǐ zhī dà de
字塔本身的建造很好奇。是什么工具和力量，能修建如此之大的
jīn zì tǎ　xiū jiàn zhè xiē jīn zì tǎ de yuán yīn yòu shì shén me ne
金字塔？修建这些金字塔的原因又是什么呢？

金字塔是如何修建的

duì yú jīn zì tǎ shì rú hé xiū jiàn de wèn tí　yán jiū zhě yī zhí zhēng yì bù duàn　dàn mù
对于金字塔是如何修建的问题，研究者一直争议不断，但目
qián hái méi yǒu tǒng yī de shuō fǎ hé zhèng què de jié lùn　nián qián　xī fāng shǐ xué zhī
前还没有统一的说法和正确的结论。2000年前，"西方史学之
fù　xī luó duō dé céng jì zǎi　zuì dà de hú fū jīn zì tǎ de shí tou shì cóng　ā lā bó shān
父"希罗多德曾记载，最大的胡夫金字塔的石头是从"阿拉伯山"
kāi cǎi lái de　jiàn zào de shí hou　dāng shí de āi jí fǎ lǎo hú fū qiǎng pò suǒ yǒu āi jí rén tì
开采来的。建造的时候，当时的埃及法老胡夫强迫所有埃及人替
tā zuò gōng　suǒ yǒu āi jí rén bèi fēn chéng　wàn rén de dà qún lái gōng zuò　měi yī qún rén yào láo
他做工，所有埃及人被分成10万人的大群来工作，每一群人要劳
dòng　gè yuè　gǔ āi jí nú lì jiè zhù chù lì hé gǔn mù　jiāng jù shí yùn dào jiàn zhù dì diǎn　rán
动3个月。古埃及奴隶借助畜力和滚木，将巨石运到建筑地点，然

hòu zài jiāng jù shí mànmàn duī lěi chéng jīn zì tǎ xíng　jiàn zào hú fū jīn zì tǎ huā le zhěngzhěng 20
后再将巨石慢慢堆垒成金字塔形。建造胡夫金字塔花了整整20

nián de shí jiān
年的时间。

dàn shì　kǎo gǔ gōng zuò zhě jīng guò wā jué　fā xiàn hú fū jīn zì tǎ zhōu wéi zuì duō zhǐ
但是，考古工作者经过挖掘，发现胡夫金字塔周围最多只

néng gōng jǐ qiān rén shēng huó　rén shù tài duō gēn běn yǎng huo bù liǎo　bìng qiě　zhè xiē xiū jiàn jīn
能供几千人生活，人数太多根本养活不了。并且，这些修建金

zì tǎ de rén yě bù shì nú lì　ér shì yǒu shēn fèn de rén　yīn wèi tā men bèi tuǒ shàn de mái zàng
字塔的人也不是奴隶，而是有身份的人，因为他们被妥善地埋葬

le　dāng shí nú lì shì bù huì bèi mái zàng de　tōng guò duì zhè xiē yí jì cè suàn　yán jiū rén yuán
了，当时奴隶是不会被埋葬的。通过对这些遗迹测算，研究人员

gū jì dà yuē zhǐ yǒu　25000 míng láo gōng cān yù le hú fū jīn zì tǎ de jiàn zào　ér qiě　zhè
估计大约只有25000名劳工参与了胡夫金字塔的建造，而且，这

xiē rén jǐn jǐn yòng le èr shí nián jiù wán chéng le jiàn zào　gēn jù gū jì　hú fū jīn zì tǎ yòng
些人仅仅用了二十年就完成了建造。根据估计，胡夫金字塔用

le jìn 260 wàn kuài shí kuài　jiǎ shè yī wàn míng gōng ren měi tiān néng jiāng shí kuài zhòng dá shí dūn de
了近260万块石块。假设一万名工人每天能将十块重达十吨的

jù shí tuī sòng shàng qu　yě xū fèi shí jìn　700 nián　zhè hái shi lǐ lùn gū jì　shì shí shang
巨石推送上去，也需费时近700年，这还是理论估计，事实上

kě néng hái yào gèng jiǔ　nán dào zài nà ge nián dài li　gǔ āi jí rén yǒu qǐ zhòng gōng jù　kě
可能还要更久。难道在那个年代里，古埃及人有起重工具，可

yǐ jiāng zhè xiē shí kuài qīng ér yì jǔ de lái huí bān yùn
以将这些石块轻而易举地来回搬运？

金字塔的奇异特征

jīn zì tǎ zuì ràng rén bù jiě de yī gè mí tí　jiù shì wài bì de shí kuài dōu jīng què de jǐn
金字塔最让人不解的一个谜题，就是外壁的石块都精确地紧

tiē zhe　rú tóng lì yòng jī guāng jì shù qiē gē de yī yàng　shèn zhì lián yī zhāng míng piàn yě chā
贴着，如同利用激光技术切割的一样，甚至连一张名片也插

bù jìn qù　zhè yàng de jì shù　jí shǐ shì zuì xiān jìn de kē jì yě nán yǐ wán chéng　dāng shí de
不进去。这样的技术，即使是最先进的科技也难以完成，当时的

埃及人又是如何做到的呢？另外，

有人说当年埃及人是用滚木推

动巨石的，但事实上，金字塔附

近生长最多的是棕榈树，而这

种棕榈树是埃及人不可缺少的食

物。所以，古埃及人不可能会大

片砍伐棕榈树，因为这会让他们

连食物都没有，而且棕榈树的材质比较柔软，根本难以充当滚

木。这样看来，用滚木推动巨石的说法也站不住脚了。

另外，再从金字塔的内部看，不难发现里面的石壁都十分

光滑，上面雕刻了许多的图画和文字。这其中就有一个问题，

既然雕刻家要在金字塔内部雕刻，那么他就需要光源，因为金字

塔的顶部是封闭的，没有任何自然光可以进入。有人说他们只

要放上许多火把就行了，但经过科学检查后，发现金字塔内壁

上根本没有被烧过的痕迹，甚至连一点点燃烧后的灰烬都没有。

这个发现让科学家大吃一惊，难道古埃及雕刻家

不需要光吗？这显然是错误的，那么就

只有一种解释，古埃及

掌握了一种不需

要燃烧的光源。要

zhī dao　　xiàn dài rén shì cóng fā míng le dēng pào hòu cái yòng shàng le fēi rán shāo guāng yuán　　ér gǔ
知道，现代人是从发明了灯泡后才用上了非燃烧光源，而古

dài suǒ yòng de guāng yuán dōu shì rán shāo de huǒ bǎ dēng　　ér zhè ge dà dǎn de cāi cè què dǎ pò le
代所用的光源都是燃烧的火把等，而这个大胆的猜测却打破了

zhè ge guān diǎn　　gǔ dài āi jí rén hěn yǒu kě néng zhǎng wò le yī zhǒng fā guāng qì　　fǒu zé wú fǎ
这个观点，古代埃及人很有可能掌握了一种发光器，否则无法

jiě shì nèi bì diāo kè shì rú hé jìn xíng de
解释内壁雕刻是如何进行的。

外星人建造在地球上的航标

miàn duì zhè xiē nán yǐ zhì xìn de fā xiàn　　yǒu rén shuō shì bù shì wài xīng rén céng jīng lái guò
面对这些难以置信的发现，有人说是不是外星人曾经来过，

bìng qiě bāng zhù āi jí rén xiū jiàn le jīn zì tǎ　　duì yú zhè ge shuō fǎ　　yǒu rén tí gōng le yī xiē
并且帮助埃及人修建了金字塔。对于这个说法，有人提供了一些

zhèng jù　　bǐ rú gǔ āi jí céng jì zǎi guò lái zì tiān láng xīng de rén　　bìng qiě cì yǔ le
证据，比如古埃及曾记载过来自天狼星的人，并且赐予了

āi jí fǎ lǎo hěn duō yì néng　　dàn shì　　wài xīng rén wèi hé yào bāng zhù āi jí rén jiàn zào jīn
埃及法老很多异能。但是，外星人为何要帮助埃及人建造金

zì tǎ ne
字塔呢？

tōng guò duì jīn zì tǎ de yán jiū　　yán jiū zhě rèn wéi　　zhè xiē jīn zì tǎ
通过对金字塔的研究，研究者认为，这些金字塔

hěn yǒu kě néng shì wài xīng rén de háng biāo　　zuò wéi tā men lái dào dì qiú hòu xún
很有可能是外星人的航标，作为他们来到地球后寻

zhǎo āi jí de zhǐ shì　　ér qiě　　jīn zì tǎ zì shēn jù bèi de néng liàng
找埃及的指示。而且，金字塔自身具备的能量，

yě kě yǐ xiàng yǔ zhòu fā shè shén mì xìn hào　　yǐn dǎo wài xīng rén
也可以向宇宙发射神秘信号，引导外星人

cóng yáo yuǎn xīng qiú dào dá dì qiú　　yě jiù shì shuō　　jīn
从遥远星球到达地球。也就是说，金

zì tǎ shì wài xīng rén de xīng jì lǚ xíng zhǐ shì qì
字塔是外星人的星际旅行指示器，

ér fǎ lǎo líng mù zhǐ shì qī piàn fǎ lǎo de yī zhǒng yǎn
而法老陵墓只是欺骗法老的一种掩

shì　　dāng rán　　zhè yàng de shuō fǎ zhǐ shì yī zhǒng cāi cè
饰。当然，这样的说法只是一种猜测，

ér jiàn zào jīn zì tǎ de yuán yīn hé bàn fǎ　　hái yào děng dài
而建造金字塔的原因和办法，还要等待

kē xué jiā de jì xù tàn jiū　　zuì hòu cái néng zhī dao
科学家的继续探究，最后才能知道。

玛雅文明中那些"外星"发现

玛雅文明的奇迹太多，这也难怪会有人认为，玛雅文明是外星人一手创造的文明。这个说法可不是空穴来风，而是由许多根据的，其中就包括玛雅人的各种天文发现和关于他们的历史传说。下面，我们就来看看，是什么样的文明，让现代人都无法理解。

有一些科学家认为，玛雅文明是来自外星生物制造的一种文明，而玛雅人使用的三种历法：太阳历、太阴历和卓尔金星。卓尔金星是玛雅人最初生活的地方。因为卓尔金星突然出现了大灾难，使得玛雅人不得不到地球上生活。几百年以后，玛雅人通过天文观察发现，他们生活的卓尔金星又恢复原样，所以就离开了地球，回到了卓尔金星。

玛雅文明的奇怪历法

历法，也就是我们平时用来计算年份和日子的规律。比如中国古人创造的农历、平时使用的公历等，都是历法的一种。这些历法虽然计算年份的方式不一样，但都是以一年365天计算，因为这是地球公转一周的时间。然而，玛雅人却有三种不同的历法，一个是表示地球公转的时间，一个是表示金星公

转 一 周 的 时 间 ，最 后 一 个 是 表 示 一 颗 根 本 不 存 在 的 行 星 ，叫 作

卓 尔 金 星 ，因 为 这 个 奇 怪 的 行 星 的 公 转 周 期 是 260 天 。

经 过 科 学 家 的 计 算 ，这 个 奇 怪 的 行 星 ，应 该 是 处 于 金 星 和 地

球 中 间 。而 我 们 知 道 ，地 球 和 金 星 之 间 根 本 没 有 任 何 行 星 存 在 ，

那 这 个 历 法 又 是 记 录 的 什 么 呢 ？ 正 是 因 为 这 个 原 因 ，有 的 科 学

家 怀 疑 ，玛 雅 人 是 否 来 自 另 外 一 个 太 阳 系 ，而 这 个 太 阳 系 有 一 颗

行 星 的 公 转 周 期 就 是 260 天 。玛

雅 人 的 祖 先

因 为 在 那 里

无 法 生 存 ，

才 来 到 了 地

球 ， 过 上

了 最 原 始 的

生 活 。

玛雅雕刻之谜

玛 雅 人 的 雕 刻 和 壁 画 是 玛 雅 文 化 中 的 一 个 重 要 组 成 部 分 ，

现 在 所 破 解 的 玛 雅 文 化 几 乎 是 从 其 中 得 到 的 启 发 ，然 而 又 有 很 多

古 怪 的 雕 刻 同 样 给 后 人 留 下 了 千 古 之 谜 。玛 雅 文 化 的 重 要 古 城

巴 林 卡 遗 迹 中 ，人 们 发 现 了 一 幅 雕 刻 在 金 字 塔 石 板 上 的 壁 画 ，

画 面 上 是 一 个 人 形 生 物 坐 在 一 个 鱼 形 装 置 中 ，手 里 握 着 类 似

于现代操纵杆一样的机械。鱼形装置前端有处开口，尾部还喷着许多火焰，这个图案多么像火箭飞行，难道当年的玛雅人见过火箭吗？

除了奇怪的飞行器外，人们还发现了一个奇怪的时刻，上面雕刻了一个玛雅人手持圆筒状物体仰望天空的图案。这个图案引起了科学家的好奇，因

为怎么看都像玛雅人在拿望远镜观看天空，但是，第一架望远镜是17世纪才发明的，距今只有300年的历史，而三万年前的玛雅人又是如何得到望远镜的呢？这些神奇的雕刻，不禁让人联想到，会不会真的有外星文明来到玛雅人面前，将这些技术教给玛雅人呢？

玛雅文明崩溃之谜

最令科学家不解的问题，不是天文历法，也不是特别的雕刻，而是玛雅文明的消失之谜。对于玛雅文明的消失，就如同气泡破裂一样，一瞬间就不存在任何东西了。公元600年左右，整

个玛雅民族离开了辛苦建筑的城池，舍弃了富丽堂皇的庙宇、庄严巍峨的金字塔、整齐排列雕像的广场和宽阔的运动场。不但如此，神殿、宫殿等最足以代表玛雅文明的建筑也不再兴建，彩陶也不再制作，一般民众也很少兴建新房舍，城市四周的人口急剧减少。这一切太突然，以至于没有留下任何证据，这让科学家特别头疼。

玛雅文明消失的原因众说纷纭，大多数人相信是当时地震、飓风的侵袭，再加上人口众多、粮食不足、暴动和异族入侵等原因，造成了玛雅文明的衰亡。当然，还有一小部分人说，玛雅人只是回家了，回到了卓尔金星，回到了自己的故乡。但是，确实的答案还未出现，如果想解开这个秘密，还要需要很久很久。

纳兹卡线条是UFO的跑道吗

这个星球上，有许多人类还没有探索的地方，而有些地方就算探索过，当用一个全新的角度去观看时，还是会发现这个地方的与众不同。关于在大地上作画，已经不是稀奇的事情了，但是，像纳兹卡图案一样庞大的远古图画，就让人十分惊讶了。

秘鲁的安第斯高原，有一座古城叫作纳兹卡，城的周围是帕尔帕山谷，山谷中是一处面积约为250平方千米的荒原。当地的印第安土著把它叫作帕姆帕荒原，意思是绿荫盖地。可是这片平原上荒凉至极，只有裸露的呈铁锈色的岩石。日复一日，年复一年，没有人注意这片荒原，一天，一架飞机从这片荒原上空飞过，才发现了隐藏在荒原上的秘密巨画。

荒原上惊现巨大图画

1920年的某天，一架民航客机经过秘鲁的上空，乘客们也都在观看窗外的景色。突然，有人大叫起来："你们快看，那是什么？"所有乘客都被叫声吸引过去，纷纷向他所指的地方观看。令所有人吃惊的是，它们竟然在广阔的荒原上看到了许多巨型图画。这些图画虽然很简单，但是却十分清楚，特别是白色的线条配上黄色的土地，更显壮阔。这些图形除了一些简单的几何图形外，还有许多图形像某种动物，有的像蜥蜴，有的像蜂鸟，还有的像鹦鹉。其中，猴子、海鸥、蜘蛛的图案是最大的。猴子的一只"手掌"长约12米，海鸥的长度竟有125米，蜘蛛画面的长度为45米！

不光如此，这些图案还以十分精准的间距重复出现，在地面上观察的话，还会因为光照角度的不同而发生变化。当早晨登上山头，便可以清晰地看到朝阳照射下的巨幅"地画"。而等到中午的时候，太阳升高，地上的图画的清晰度就有所改变。

如此精确、巧妙的图画到底是由何人设计和完成的呢？他又为什么设计这些

只有在天上才能观看到的图画呢？纳兹卡荒原上发现巨大图画的消息一经传开，立刻引来许多科学家和研究者，原本一处无人关注的荒原，现在变成了众人瞩目的对象。

被人谣传的外星人跑道

对于纳兹卡巨画的成因，人们提出了无数种解释，然而，没有一种解释得到了确实的证实，也没有一种解释能说服人们相信。人们的探索似乎已经无法前进了，而问题的答案就在这

些线条中，却没有人能够知晓。就在人们一筹莫展的时候，一位作家写了一部小说，让纳兹卡巨画的名声更盛，并且赋予了纳兹卡巨画另一层意义。冯·丹尼肯是一家旅馆的经理，平时也写一些小说，受到了纳兹卡巨画的启发，他创作了《众神的战车》一书，提出纳兹卡巨画其实是外星飞行器使用的跑道。他认为，远古的时候，有一群不明身份的外星人降落在纳兹卡高原，开始在那里为自己修建跑道。当然，对于这个说法，他没有任何证据，唯一的解释就是那些酷似机场跑道的线条。

Tips 知识小百科

世界上还有许多类似纳兹卡巨画的发现，比如中国就有一些空中才能看到的巨型图案，为什么制造这些图案虽然还是谜题，但可以肯定和某种宗教信仰有关。至于纳兹卡巨画和麦田怪圈现象，有人猜测是UFO留在地球上的信息。

冯·丹尼肯的作品在1968年问世后，立刻受到了广泛关注，成为国际畅销书，同时也使纳兹卡线条获得更高的知名度。但是，科学家们对这个说法是不屑一顾的，因为他的看法根本不科学。航天器根本不需要跑道，而且，纳兹卡荒原的沙土过于柔软，根本不适合任何沉重的飞行器降落。否则的话，这些宇宙飞行员会陷进土里拔不出脚来。

对纳兹卡巨画的解密

虽然冯·丹尼肯的说法根本不科学，但是这也启发科学家关注天空，从天空中寻找这些巨画的意义。最新的看法，也是比较科学的解释是这些巨画是天上星象的翻版，也就是天上的星象是什么，地上的巨画就是什么。我们都知道，天上有许多人类创造的星座，这些星座对人类的航海和辨别方向有大用处。而当年生活在纳兹卡的人，因为崇拜天上的星座，于是在纳兹卡荒原上创造了纳兹卡巨画，并且每年都在附近对这些形象拜祭。这就和人们崇拜某种事物，就会做一个它的替身，只不过这些星座的替身有些巨大而已。

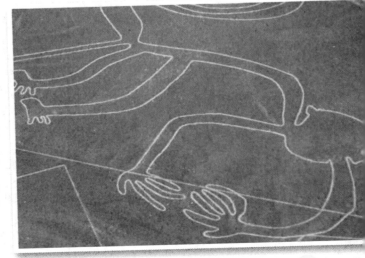

古代人类雕刻的神秘岩画

远古时代，还没有出现文字，当时的人类就用简单的绘画记述他们身上发生的事情。他们大多会选择岩石作画，这样就不需要特别的画板，可以在任何地方记述事情。虽然岩画大多是记录日常生活，但有些岩画十分奇怪，让人联想到是否外星人曾经来过地球上。

zhōng guó shì sì dà wén míng gǔ guó zhī yī　yě shì yuán shǐ wén míng fán shèng de dì qū
中国是四大文明古国之一，也是原始文明繁盛的地区。

zhōng guó de hěn duō dì fang　dōu fā xiàn le yuǎn gǔ shí dài de yán huà　zhè shuō míng zhōng guó yuǎn
中国的很多地方，都发现了远古时代的岩画，这说明中国远

gǔ shí qī jiù yōng yǒu xǔ duō yuán shǐ de wén míng
古时期就拥有许多原始的文明。

★火 贵州"画马崖"上的奇怪图案

huà mǎ yá　shì guì zhōu fā xiàn de yī zǔ gǔ yán huà qún　yīn wèi zhè xiē yán huà zhōng huà
"画马崖"是贵州发现的一组古岩画群，因为这些岩画中画

mǎ de jū duō　suǒ yǐ chēng wéi　huà mǎ yá　zhè xiē yán huà shàng mian bù jǐn yǒu tài yáng　yuè
马的居多，所以称为"画马崖"。这些岩画上面不仅有太阳、月

liang　hái yǒu gè zhǒng gè yàng de shēng wù yǐ jí rén lèi　dāng rán　yě yǒu yī xiē qí guài shén
亮，还有各种各样的生物以及人类。当然，也有一些奇怪神

mì tú xíng　suī rán yán huà shàng de tú huà bǐ jiào chōu xiàng　zhǐ yǒu jiǎn dān de xiàn tiáo　dàn hái shi
秘图形。虽然岩画上的图画比较抽象，只有简单的线条，但还是

kě yǐ qīng ér yì jǔ de biàn bié chū gè zhǒng tú xíng　bǐ rú yòng yī gè yuán quān dài biǎo rén de nǎo
可以轻而易举地辨别出各种图形。比如用一个圆圈代表人的脑

dai　rán hòu xià mian yǒu lèi sì　huǒ　de tú xíng dài biǎo rén de shēn tǐ　zhè xiē dōu shì hěn xiǎn
袋，然后下面有类似"火"的图形代表人的身体。这些都是很显

ér yì jiàn de tú xíng　huà mǎ yá　chú le zhè xiē yǐ wài　hái yǒu xǔ duō fǎn fù chū xiàn de dà
而易见的图形。"画马崖"除了这些以外，还有许多反复出现的大

yuán diǎn hé xiǎo yuán diǎn　kǎo gǔ xué jiā yī zhí cāi cè bù chū zhè xiē tú xíng xiǎng biǎo dá shén me yì
圆点和小圆点，考古学家一直猜测不出这些图形想表达什么意

sī
思。

2003 年的时候，考古学家又在"画马崖"附近发现了两处遗
址，在这些遗址上又发现了许多新的岩画。就在这些岩画上，发
现了一种奇特的人形生物。这

些"人"有一米多高，身体瘦小，
脑袋十分大。而且，在这些人形
生物中有许多圆点。这一发现引
来了UFO研究者的猜测，可能在
远古的时候，外星人来到了地球，
被"画马崖"的原始人发现，于是
就用岩画的方式记录了下来。

广东罗定岩画上的外星生物

2010 年，广东罗定附近发现了一处罕见的岩画。岩画中
最多表述的是各种星座图案，其
中看得清晰的约有12个。除了
这些正常的岩画以外，专家们
还发现了一处奇异的岩画，是人
像图案。这个图案上面的人头
戴"头盔"，"头盔"的上面有三
条直线，两根位于左右，一根位

Tips 知识小百科

蒙古自治州，曾经发
现过一处战国时期的古墓。
从古墓挖掘出的一个羊骨让
当场的考古学家十分惊讶，
因为上面画了一个"人"，
但不是人类，而是一种脑袋
大、身体小的人，有人就怀
疑这是外星人的样子。

于中间。中间的直线上，还有一个奇怪的球。这个人画得十分仔细，可以看清楚眼睛和鼻子，还在额部画了一个圈。

专家对这幅岩画十分好奇，不知道这幅岩画想要表达的是什么。考古学家称，根本没有发现和这幅图类似的现实生物，这个人看似像穿有宇航服的外星人。这种外星人在中国古代有过记述，被称为"羽人"，传说他们能在空中飞，而且具有神奇的力量。

宁夏贺兰山岩画上的宇航员

贺兰山岩画是中国十分有名的一处岩画群，距今有4000～5000年，处于石器时代晚期的作品。就在这些岩画上，发现了十分奇怪的图案，虽然能看出描绘的是人，但是和现代的人类完全不一样。这个图案上的人头部很大，身子较小，而且头部与身体之间没有脖子。更奇怪的是，这个人没有五官，而是用一个圆圈罩住了脑袋，很像宇航员的头盔。

最令人惊奇的是，位于南段的一幅岩画上，清楚地画出一个旋转的飞碟，飞碟处的开口，还有一个人形生物，地面上的人和动物都惊恐地逃走。这幅图案的出现，让UFO爱好者很惊讶，这分明就是UFO降临地球时的场景。对于这样的岩画，虽然考古学家不认为是UFO的降临，但是也无法解释为什么会画出这样的图案。

化石上不可思议的发现

化石是人类了解以前生物和生活状态的依据，正是因为有了化石，我们才知道地球上曾经生活过一群恐龙，曾经有过两米长的蜻蜓等。然而，并不是所有化石都是生物的，也有一些曾经生物的足迹化石，比如恐龙脚印之类。

dì qiú de nián líng shí fēn dà　　zài zhè màn cháng de nián
地球的年龄十分大，在这漫长的年

dài lǐ　　dì qiú céng jīng bǔ yù le wú shù shēng wù　　ér zhè xiē shēng wù sǐ wáng hòu yí tǐ huò shì
代里，地球曾经哺育了无数生物，而这些生物死亡后遗体或是

shēng huó shí yí liú xià lai de hén jì　　jiù bèi dāng shí de ní shā yǎn mái qǐ lai le　　suí hòu de suì
生活时遗留下来的痕迹，就被当时的泥沙掩埋起来了。随后的岁

yuè lǐ　　zhè xiē shēng wù zhòng róu ruǎn de dì fang quán bù xiāo shī　　zhǐ liú xià jiān yìng de bù fen
月里，这些生物中柔软的地方全部消失，只留下坚硬的部分，

bǐ rú wài ké　　gǔ gé　　zhī yè děng　　zhè xiē dōng xi yǔ bāo wéi zài zhōu wéi de chén jī wù jīng guò
比如外壳、骨骼、枝叶等。这些东西与包围在周围的沉积物经过

yì wàn nián de yǎn huà　　zuì hòu yī tóng biàn chéng le shí tou　　dàn tā men běn lái de xíng tài　　jié
亿万年的演化，最后一同变成了石头，但它们本来的形态、结

gòu　　shèn zhì yī xiē xì wēi de nèi bù gòu zào yī rán bǎo liú zhe　　tóng yàng　　nà xiē shēng wù shēng
构，甚至一些细微的内部构造依然保留着。同样，那些生物生

huó shí liú xià de hén jì yě bèi bǎo cún xià lai le　　ér zhè xiē jīng guò shí huà de shēng wù yí tǐ huò
活时留下的痕迹也被保存下来了。而这些经过石化的生物遗体或

yí jì　　jiù bèi chēng wéi huà shí
遗迹，就被称为化石。

人类手指化石

rén lèi de huà shí bìng bù cháng jiàn　　zhǐ néng fā xiàn yī xiē yuǎn gǔ rén lèi de huà shí huò zhě
人类的化石并不常见，只能发现一些远古人类的化石或者

shēng huó hén jì　　zhè xiē huà shí dà duō dōu shì jǐ shí wàn nián qián xíng chéng de　　yě yǒu yī xiē shì
生活痕迹。这些化石大多都是几十万年前形成的，也有一些是

yī bǎi duō wàn nián qián de gǔ yuán rén de huà shí　　zhè xiē jiù shì rén lèi zuì zǎo de huà shí le　　rán
一百多万年前的古猿人的化石，这些就是人类最早的化石了。然

而，不可思议的事情发生了。一群考古学家，在北极挖掘时，无意间挖出一块类似人类手指的化石。起初，考古学家以为是古代人类的化石，或者是原始人的化石，然而经过碳14的鉴定后，却发现这个人类手指化石竟然有一亿年的历史了。这个发现太令人惊讶了，因为一亿年前的时候，还是恐龙生活的年代，那时怎么可能会有人类出现呢？况且，根据达尔文进化论，人类是一百多万年前才逐渐开始进化成人，一亿年前根本不可能有人类，甚至连猴子都没有。这样的发现，不得不让考古学家惊讶，莫非人类在一亿年前就出现了？

穿凉鞋的人类足迹化石

这个发现一直没有被证实，因为听起来太不可思议了，特别是当现代人对进化论信奉的时代。在美国犹他州德耳塔地区页岩沉淀层中，考古专家发现了一处人体足迹化石，其历史可以追溯至3～6亿年前。这点已经让科学家惊讶不已，而另外的一个发现，更让科学家们目瞪口呆。这个人类足迹化石并不是光脚的，

Tips 知识小百科

通常如肌肉或表皮等柔软部分在保存前就已腐蚀殆尽，而只留下抵抗性较大的部分，如骨头或外壳。它们接着就被周围沉积物的矿物质所渗入取代。化石并不都是平的，大多数是被覆盖其上的岩石重量压平的。

而是穿着一双旧凉鞋踩上去的！说到这里可能没有人会相信，但事实就是如此，这个化石是3～4亿年前一个穿着旧凉鞋的人留下的。这个发现刚刚发布，立刻引起了轩然大波，许多人都不相信这个化石是真实的。然而，经过大量的研究和科学测试，最后得出这个化石就是真的。

三叶虫上的鞋印

1968年的一个夏天，美国一个业余化石研究者在位于犹他州附近的羚羊泉寻找化石，这里是以三叶虫化石闻名的地方。当他来到一处并不起眼的地方时，无意间敲开了一片化石，就是这个化石，让人类再一次重新审视自己。

这位名叫威廉·米斯特的美国人在敲开这片化石之后，最先发现的就是一个普通的三叶虫化石，这种三叶虫是2～6亿年前在地球上生活的一种原始生物。而且，这种生物和生物的进化有着千丝万缕的关系，有科学家证明三叶虫是所有鱼类

的祖先。就在米斯特高兴的时候，他又发现这个化石不仅仅是三叶虫的化石，还是一种生物留下的痕迹，而这个痕迹十分像人类的脚踩上去的。米斯特当时发现这个足迹，立刻被震惊了，但经过仔细观察和比对，发现这个足迹不但是人类的，而且还是一个穿着鞋的人留下的。也就是说，这个人不但是生活在一定文明下，并且还和三叶虫是同一个年代，他在某一天踩死了一只三叶虫，从而留下了这样的化石。这个发现顿时炸开了锅，许多科学家纷纷前来观察，最后都得出这确实是真实的化石，而且是人类的足迹。面对这些难以理解的化石，科学家们开始思考，难道曾经有人类生活在几亿年前？或者有类似人类的生物曾前往几亿年前的地球？至于这些问题的答案，还需要大量的证据和研究才能确定，但相信有一天，我们一定会知道这些问题的答案。

第四章
Capter 4

UFO坠毁案——那些坠落在地球的外星人

U FO一直被誉为超越人类科技的产物，但事实上UFO并非人类想象中那么先进，甚至会坠毁在地球上。其中，罗斯威尔事件是飞碟坠毁案中最著名的，到底当时发生了什么，让这一起看似简单的"气球坠毁"事件，成为UFO爱好者津津乐道的UFO悬案？下面，我们就一起穿过迷雾，揭开其中的奥秘。

UFO为什么会坠毁

UFO这种飞行物在各方面都表现出超越人类的科技水平，就是这种比人类先进许多的高科技产物，却也发生了坠毁事件。人们不禁纷纷猜测，是什么力量让这种人类都羡慕的科技发生失误，从而坠落在地球上？难道地球上有人类还没发现的神秘力量吗？

UFO作为一种飞行器，一定是一种科技下的制造产物，既然是种人造的产物，往往就会有很多问题。就算连人类最安全的交通工具——飞机，也常常发生坠毁的事件。所以，UFO坠毁也是一种正常现象，但UFO连人类武器都不惧怕，地球上还有什么让UFO坠毁呢？

UFO自身的问题

坠毁的UFO既然是一种科技产物，就会存在技术上的问题。比如零件坏了，没有修理，或者能源装置坏了，结果坠落下来。这些可能并不是没有，因为人类的飞行器也存在这些问题，往往因为没有得到修理，结果飞到空中的时候出现问题，最后发生坠毁事件。所以说，UFO作为科技下的产物，就一定会遇到这个问题，当这个问题发生时，UFO再厉害，也不可避免地落了下来。

有研究UFO的专家称，当UFO从一个遥远星球，经过很长时间或者经过一些物理过程来到地球的时候，肯定会发生一些故障。这时因为地球的生态不一定就和外星球生态相同，比如空气含量或者气压的高低等。这些原因都有可能造成UFO的故障，而当UFO发生故障时，如果外星人发现得及时，就会降落在一处人烟稀少的地方，对UFO进行修理。但是，如果外星人没有发现故障，结果就很有可能造成UFO的损坏，最终导致UFO的坠毁。

UFO坠毁的元凶——闪电

闪电现象是人类很早前就发现的一种自然现象，古人对于闪电形成的原因不了解，而且惧怕闪电的威力，所以将闪电当作神灵的工具，用来惩罚作恶的人。古希腊神话中，作为众神之父的宙斯，他的手里拿的就是闪电，希腊众神都惧怕这个可怕力量。随着现代文明的进步，人们逐渐认识到闪电是一种自然现象，著名美国科学家本杰明·富兰克林就是率先发现闪电是一种自然放电现象的人。闪电是云与云之间、云与地之间或者云体内各部位之间的强烈放电现象。一般情况下，当空气中存在大量的积雨云时，由于云层之间的摩擦，就会产生带有正电的正电荷，还有带有负电的负电荷。这两种电荷大量产生后，就会形成电场，之后就形成了放电现象，也就是我们看到的闪电。

我们知道，闪电的威力十分巨大，说闪电是大自然中威力最大的能量不奇怪，因为地球上每秒钟都会发生大约有600次的放电现象，而其中有100多次会击中地球。那么，闪电的威力有多大呢？首先说一下闪电的温度。闪电的温度不是固定的，大概在一万七千度到两万八千度不等，这个温度范围是太阳表面温度的3～5倍。世界上没有任何物体能经受住如此高的温度，这也就是为什么当闪电击中地面的物体时，会伴随燃烧

现象。再说说闪电拥有的能量强度。既然闪电是一种放电现象，就会具备电的通性，比如电压、电流强度等。一次普通闪电所携带的能量大概为十亿瓦特，如果这些能量全部用于人类发电，可以让5000台电脑运行一小时。而每天的闪电都被收集的话，所有的人类都能用上电，就不会存在电荒的问题了。

如果UFO真的在地球上空飞行，遇到如此强大的能量，恐怕再高的科技也没有办法幸免。另外，从一些UFO坠毁的记录上看，UFO坠毁时往往伴随电闪雷鸣，这一点也从侧面证实闪电是UFO坠毁的真正原因。

人类武器的攻击

虽然说UFO具有十分神奇的功能，地球上的武器根本无法伤害其分毫，也无法追踪到它。但是，还是有报道显示，地球的武器击毁UFO的事情。当然，这件事只是传闻，具体的事实并没有得到政府的公布，所以没有人知道这是否真实。

曾经在冷战时期，苏联就有击落不明飞行物的报道。当时苏联处于高度紧张中，随时都担心美国会来攻击，所以一旦发现一些不明飞行物，就会以为是美国的侦察机或者轰炸机。当时苏联的空军就侦察到一架不明飞行物出现在领空，空军指挥官随即下令，对不明飞行物进行拦截。当时对UFO发射了许多导弹，最后将其成功击落。

坠落在远古时代的UFO

虽然世界上第一次被记录下来发现圆盘状不明飞行物的是美国救火器材商人肯尼思·阿诺德，发现的时间是在1947年6月24日。但事实上，UFO的现象早在古代记录中就有，而且数量还很多。

从印度古代史诗《摩诃婆罗多》到意大利勃莱西亚岩画，从中国的《山海经》到西方的《圣经》，都可以看到UFO的踪影。那些所谓的"飞车"、"巨槎"、"明珠"、"喷火车"、"炬火明"等，和现代人所看到的UFO是多么相似。由此我们也知道，UFO这种现象，很早之前就出现了，而且有些UFO还不幸坠落到了人间。

大峡谷中的神秘飞碟

美国亚利桑纳州大峡谷谷底，一群探险爱好者在这里发现了一堆奇怪的废墟。之后，这件事情被告知美国军方，经过专门研究不明飞行物的专家进行科学的研究后，证实这处废墟是曾经一架飞碟坠毁的现场。之后，美国军方开始在这里挖掘，令人惊讶的是，他们真的挖出来了一个UFO！这是一个大约4000年前坠毁的球形飞行器，虽然当时坠落的时候十分严重，但飞碟残骸的状况如今还好。根据检验研究，该飞碟的材料属于一种人类还不清楚的超轻型金属纤维材料，机身最宽部分有15米，而且还散发着低辐射。

调查组后来给出的报告称，这个飞碟一定是来自外星球，当时不知什么原因坠毁在这里。据分析，这个飞碟里的外星人的个头应该比人类小，而且可以呼吸氧气。进一步调查还发现，飞碟上的外星人还曾在附近生活过许多年。

 ## 喜马拉雅山上的飞碟残骸

1990年初，一些登山者在喜马拉雅山上发现了UFO残骸和外星人的尸体，这一点已经被UFO专家所证实。专家说，当时美国和尼泊尔政府在喜马拉雅山的一座山峰中，找到了6

具外星人尸体和飞船的残骸。只

不过因为美国政府担心发表这

项发现，会引起全世界不必要的

恐慌，所以才没有把这件事说出

来。

UFO 报告真实性科学家协会

主席亨利·狄盖瓦说："他们已

弄到了飞船的碎片，还弄到了 6 具尸体却不想让我们知道。"

他认为："这种掩盖真相的做法是不可宽恕的，且是彻头彻尾的

犯罪。该飞船及其乘员的发现和一切有关的消息都应公布于

众。"被发现的外星人形象很独特，身高只有 1 米左右，头和眼

睛格外大，四肢却很小。而且发现的飞船残片也不是地球上的

知识小百科

UFO 现象可以肯定不是现代才出现的，那么古代的时候，这些 UFO 来到地球又是为了什么？对于这个问题有很多猜测，有人认为曾经爆发过战争，外星人和地球人的战争，也有人认为外星人其实是地球的第一批居民。

物质，人类根本无法制

造出来。至于这架飞碟

是何时失事的，只有等

到研究结果出来之后才

能知道了。但一般认为

这架失事的 UFO，是在

远古时代坠毁的。

挖出来的神秘物体

爱沙尼亚的梅里维亚利亚有一户人家，米特夫妇是这个家的主人，当时他们正在挖一口水井，当他们挖到七八米深的地下时，发现了一个奇怪的物体。这个物体不但长相奇怪，是一个类似于圆形的物体，而且会发射一些影响人体的射线。米特夫妇多次想把这个物体搬出来，但只要一碰就会变得头晕、恶心。所以，这家人就不敢再动这个物体了，等到军方的人来后，这个物体却神秘消失了。

更令人惊讶的是，这个神秘物体竟然还向试图破坏其平静生活的人展开了报复。除了发现这一神秘物体的米特夫妇之外，还有几名参与研究的专家委员会成员，先后在非常奇怪的情况下失去了生命。沃尔卡解释说："米特挖掘并保留下来的那几块神秘物体样本，也在几年内下落不明。除了一些间接的证据之外，没有任何直接证据能够证明这个神秘而可怕的发现。"

苏联击落UFO事件

冷战时期，不论是苏联还是美国，都曾发生一些十分不可思议的事情，而这些事情因为当时的环境，被政府掩饰了起来。这些事情包括：飞碟坠毁、空军与飞碟的空中混战、地下分解仿制飞碟……而这些事件中，最令人惊讶的是一次UFO坠落事件。

苏联有一处绝密军事基地——卡普斯京亚尔。这里是苏联的导弹秘密基地，曾经很多导弹都是这里研制出来，并且从这里发射的。对于这里，苏联政府的保密十分严格，就连美国最先进的侦察机都无法拍下这里的照片。可就是如此神秘的地方，有一天却迎来了一个神秘客人，苏联空军更是直接把他击落了下来。

神秘军事基地出现神秘飞行物

卡普斯京亚尔的这处绝密的军事设施位于前斯大林格勒东南100千米，莫斯科南800千米的地方。它是斯大林亲自下令成立的，是苏联建成最早也是规模最大的军事设施。1948年6月19日傍晚，普斯京亚尔秘密军事基地的雷达上突然出现一个不明飞行物，这个飞行物当时正在军事基地附近徘徊。当时苏联和美国正在冷战时期，双方都十分戒备，而这一不明飞行物，很有可能就是美国派来的侦察机。基地指挥官得知这一消息后，怀疑这个秘密军事基地已经被美国发现，一定不能让这架侦察机逃走。随即，指挥官立刻下令空军基地的飞机，对其进行拦截。

飞行员很快就发现了这个不明飞行物，而令人意外的是，这个飞行物并不是飞机，而是一种雪茄状的物体。飞行员向基地报告这一发现后，基地指挥官喊道："不论它是什么，发现问题立刻击落。"飞行员接到指示后，想靠近看得仔细时，不明飞行物突然发出强光，令飞行员睁不开眼。飞行员以为飞行物向他发起攻击，立刻发射了导弹进行还击。最终将这个不明物体击落下来。

不明飞行物是外星飞船

从20世纪40年代初卡普斯京亚尔建成开始到现在，这处基地一直对外保密。据说当时苏联最顶尖的研究人员、科学家和军事专家都会被派到这里研发高度机密的冷战技术和武器。当时作为美国的头号对手，能够成为美国情报机构侦察重点目标的没有几个，而卡普斯京亚尔就是其中之一。这个基地主要负责三项任务：测试地对空导弹、测试地对地弹道导弹、测试空中发射的导弹或是巡航导弹。

不明飞行物被击落后，立刻被带回了军事基地。令大家惊讶的是，这种奇怪飞行物根本不是美国的侦察机，而是一架外星人的飞船，因为里面还有外星人的尸体。这件事让基地的人高兴了好久，因为苏联终于获得了太空技术。曾有资料披露：苏联在之后对核武器的研发方面取得了重大进展，特别是发射装置的研发速度足足提早了五年。

Tips 知识小百科

美国和苏联及他们的盟友1945年至1990年间在政治和外交上发生对抗、冲突和竞争。其对抗通常通过局部代理人战争、科技和军备竞赛、外交竞争等"冷"方式进行，即"相互遏制，却又不诉诸武力"，称之为"冷战"。

根据俄罗斯飞碟专家阿法洛夫的报告称，位于卡普斯京亚尔地下400米的基地，有关于外星人的一切。苏联军方将有关外星技术全部放入其中，在这里对外星人的身体进行解剖。仿制外星的飞行设备，巨大的地下停机坪停着毁坏程度不同的各种飞行器……而苏联军方要试着复制这里的设备。

军方对此次事件的隐瞒

与很多国家一样，对于这起飞碟坠毁事件，苏联军方并没有发表任何观点。哪怕过了这么多年，依旧没有人证明这起事件的真实性，只有一些零零散散的资料被披露了出来。但是，我们可以从一些侧面的证据来证实这个猜测。

发生坠毁事件后，卡普斯京亚尔基地附近的一个小镇日库尔，仅仅由于军方认为它离基地太近不够安全，那里的居民就全被迁走了。许多UFO研究人员认为，当时军方是害怕UFO的事情被发现，特别是被西方间谍发现。另外，苏联的空间科技进步十分迅速，1957年10月4日，苏联率先发射了第一枚人造卫星。四年后，苏联将加加林送入太空，这是人类宇航员首次环绕地球飞行，于是美国又一次落败了。接连两次的胜利，使苏联在激烈的太空军备竞赛中遥遥领先。

这些空间技术上的进步，让人们十分怀疑苏联政府是不是获得了不为人知的力量，而这个力量就来自外太空。

美国罗斯威尔事件

历史上最著名的UFO事件就是"罗斯威尔事件"，正是这起事件，让UFO瞬间成为人们茶余饭后的话题。而对于这起事件，如今已经过了67年，却依旧没有一个明确的答复。虽然期间一直有人声称，当时坠落的就是飞碟，但依旧没有任何证据能证明。

7月8日，美国新墨西哥州罗斯威尔的《每日新闻报》刊出一条让美国人震惊的消息："空军在罗斯威尔发现坠落的飞碟。"这条新闻一出，立刻被《纽约时报》等各大报刊转载，而且通过无线电波载讯传遍世界。这条信息，在美国公众中引起了轩然大波，人们从四面八方奔向美国南部的新墨西哥州。但令人们失望的是，在距罗斯威尔20千米外的一片牧场上，早已经被铁栅栏围住，一队队荷枪实弹的士兵站在那里，阻挡人们的进入。

一架飞碟坠毁了

1947年7月6日傍晚，当时天气很差，电闪雷鸣，风雨如注。农场主布拉索尔第二天起来巡视牧场时，突然看到草地上有许多闪闪发光的物体，既不像金属，也不像塑料。布拉索尔很纳闷，这里怎么会有这些东西呢？他继续往前看，突然发现一个破损的庞然大物躺在草丛中。布拉索尔吓坏了，他以为是一架飞机失事了，于是赶快跑到镇长办公室，把这一消息告诉了镇长。镇长听后，立刻打电话给附近的罗斯威尔空军基地，询问是否有飞机失踪的事情。接电话的是马塞尔上尉，他虽然知道这个空军基地没有飞机失踪的消息，但是还是要去看一看才清楚掉下来的是什么。

马塞尔上尉开车过去看的时候，突然意识到这个东西可能不是飞机，而是飞碟。他仔细观察这个类似飞碟的东西，惊讶地发现，这里面竟然还有尸体。这些尸体看起来很独特，死者个头很小，只有一米左右；他们的皮肤白皙细腻（灰色），穿着黑色闪光套服，脚和脖颈都系得紧紧的，穿的鞋柔软而无硬度。使人感到惊奇的是，死者头很大，像个倒挂的梨，眼睛很大呈杏仁状，鼻子很小，嘴很小，手上只有4根手指，指间有蹼相连，身高只有120～135厘米，身材矮小很瘦……之后，马塞尔上尉立刻将这些残骸装上卡车，并让其他人不要说出来。可是，基地的另一位情报员奥特中尉，却已经将这个消息告诉了本地报社。8号的时候，当地报刊上报道了相关新闻，引发了美国的巨大轰动。

不是飞碟？是气象球？

事情没有想象得那么顺利，虽然被报道后，很多人都来到了这里，但是军方已经将这些物体运走，根本什么也没有留下。特别令人惊讶的是，隔日报纸上就提出澄清，称坠落的只是气象球。6小时后，军队指挥官乔治·雷米将军接手负责这个事件，他急忙安排了一个记者招待会，说他的军官可能犯了一个错误，根本没有飞碟这回事。坠毁的只不过是一个带着雷达反应器的气象球而已。

稍早，广播电台的经理朱·罗伯兹也接到了来自白宫的命令：不得播报这则飞碟的消息。因此隔日，报纸提出澄清，坠落的不明物体是一个气象球，而不是外星来的飞碟。正是因为这件事情转变得过于突然，而且事情根本没有交代清楚，才使大众怀疑其中是否有隐情。大部分美国人

Tips 知识小百科

据英国媒体报道，在美国迎来新墨西哥州罗斯威尔发生不明飞行物坠毁事件的第65周年之际，美国中央情报局前任特工布兰登爆料称，当时坠毁的确实是外星人飞船。这次的事情，再次燃起了人们对"罗斯威尔事件"真相的猜测。

都相信，这起事件一定是美国军方想掩盖什么事实，而气象球的说法只不过是用来掩饰这一事实的借口。

到底当年坠落的是什么

这件事情没有因为美国军方的不表态和掩饰就此消失，反而

促进了人们 对UFO的研究热潮，

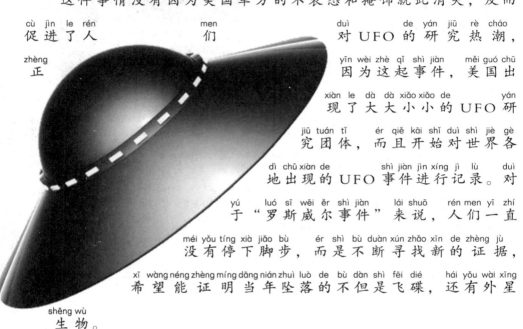

正 因为这起事件，美国出

现了大大小小的UFO研

究团体，而且开始对世界各

地出现的UFO事件进行记录。对

于"罗斯威尔事件"来说，人们一直

没有停下脚步，而是不断寻找新的证据，

希望能证明当年坠落的不但是飞碟，还有外星

生物。

期间，许多人出来试图说明这起事件的真实面貌，但都没有有力的证据。有些人声称这起事件没有外星人，这只是美国政府做的一次秘密实验，用高空气球携带活人的高空实验。还有些人声称这起事件只是当时美国为了探测苏联核试验的计划，因为目的属于高度机密，所以被隐瞒了下来。不论是什么，"罗斯威尔事件"对于UFO爱好者来说，都是一起教科书般的事件，这起事件也成为UFO事件中最著名的。

美国另外两起飞碟坠毁事件

美国似乎和UFO总是有神秘的关系，不论是目击事件，还是坠毁事件，总是能在美国找到大量的案例。UFO为何会频繁光顾美国，为什么就只降落在美国的上空呢？这其中是否有一些不可告人的秘密？

围绕UFO坠毁案，最出名的当属美国的罗斯威尔事件，也正是这起事件才将UFO和外星人推广到全世界。其实，除了罗斯威尔事件外，美国还有两起著名的UFO坠毁案，其中可考证的事情也有很多，可能没有罗斯威尔事件的故事引人入胜，但其中值得研究的地方并不比罗斯威尔事件少，甚至要更多一点。

美国阿兹特克飞碟坠毁事件

1948年，也就是罗斯威尔事件的第二年，在美国的新墨西哥州阿兹特克郊外，又有一架飞碟意外坠毁了。这是第二起飞碟坠毁事件，而且和上一起只相差一年，人们纷纷猜测，这是为什么，难道飞碟真的如此不堪一击吗？当时目击到这架UFO坠毁的有很多人，而且坠毁后还有人到现场看过。据这些人称，坠毁的绝对不是人类能制造的东西，因为它不但外形是碟状，而且上面没有任何发动机或者降落用的滑轮。特别奇特的是，这架飞机的一些残片，具有十分好的韧性，可以随意折叠，之后都会直接复原。

这件事情立刻引来了美国政府的关注，大批军人和特工被派到此地，对坠毁现场进行封锁。之后，找到专家对其进行分析。据后来有人透露，当时这架飞碟中有外星人，是专家无意间从飞碟找到的入口处发现的，一共有16具尸体，而且没有任何尸体是人类已知的生物。后来，这件事情被政府隐瞒，称只是一个普通的气象气球掉落，而且那些目击者被政府威胁，不可以将看到的事情说出去，否则将会受到牢狱之灾。而后，这架飞碟就被运回了空军基地，而这起事件也就不了了之了。

美国柯克斯堡UFO坠毁事件

美国曾经发生过一起和罗斯威尔事件一样著名的UFO坠毁案，发生在1965年的柯克斯堡，虽然美国政府对此事一直持否认态度，而且美国国防部也对此事只字不提。但是，美国国家航天局认为，这起事件的真实性可能比罗斯威尔事件更高，所以在2007年的时候决定，展开一项新的调查行动，对当年的档案进

Tips 知识小百科

为什么美国有如此多UFO坠毁案呢？一些UFO研究者称，很有可能这些UFO就是美国制造的飞行器，只是因为技术的原因，最后导致失败坠落。但是，就目前人类掌握的科技，是如何制造这样的飞行器呢？

行仔细寻找，期望能找到1965年的那起UFO坠毁案的相关资料。1965年12月的一天下午，一个不明物体坠落在柯克斯堡附近，当时数百人目睹了这起事件。UFO坠毁后，还引起了不小的火灾，而后附近的消防员出动，前往灭火。当时消防员看到，这个UFO的颜色类似青铜，上面刻有奇怪的文字记号，而且没有任何窗户或者门。

当时这起事件被告知警察后，立刻引来了政府人员，大量的军人携带仪器赶到了坠落地点，将所有的东西都运走了。整个行动十分迅速，而且坠落地点被严密地封锁起来，现场的军人还用枪逼走那些目击者。后来，美国军方称这只是一起火灾，没有发现任何东西，显然政府在撒谎。

第五章
Chapter 5

遭遇入侵——人类与UFO的"战争"

外星人可能没有我们想象得那么友好，人类对于外星人来说，可能只是一种实验的小白鼠，价值只是供他们研究而已。当然，这样的说法也不完全正确，毕竟我们不知道外星人的本意，可能他们只是出于单纯的好奇，没有意识到会伤害到我们。那么，人类和外星人会和平相处还是会发生战争呢？

UFO在世界大战中做了什么

人类历史上一共发生过两次世界大战，其中第二次世界大战是历史上规模最大的战争，而且首次在战争上利用飞机进行战斗。在这场战争中，不少飞行员称见过不明飞行物，而这些不明飞行物只是在一旁观看战争，并不参与进来。

第二次世界大战结束后，许多国家的资料得到公开，而其中空军目击不明飞行物的报告受到了人们的猜测。这些不明飞行物为什么要出现在战场上，它们的目的是什么？它们想要在世界大战中得到些什么呢？

英国空军突见不明飞行物

1942年，正是英国对纳粹德国反击的时候，当时英国皇家空军的轰炸机驾驶员索宾斯，正奉命对德国的城市进行夜袭。任务完成得很顺利，英国在德国没有反应的情况下，几乎摧毁了德国的防线。任务完成后，索宾斯驾驶飞机升到高空中，借助夜色的掩护，返回了英国。经过了一个多小时，他们脱离了危险，到达了英国的领空。就在这时，突然轰炸机的后机关炮炮手称看到一个不明物体跟踪，看样子不像是德国的战斗机。不一会儿，这个物体追上了轰炸机，索宾斯清楚地看到，这个不明物体身上发着橘红色的光，而且速度很平稳，不像人类制造的飞机有螺旋桨等。

索宾斯看到这个物体后，立刻下令对这个不明物体开火，他担心这是德国新研制出来的飞行器。

事实没有想象得那么顺利，虽然这个物体离轰炸机很近，而且几乎所有的炮弹都打在了不明飞行器的身上。但是，这个不明飞行器没有一点反应，那些炮弹也没有让这个物体出现损伤。炮手们被这一现象吓得目瞪口呆，没有再对这个物体开火，而这个物体也没有做出反击的动作，只是静静地跟着轰炸机。大概过了一分钟左右，这个不明飞行器就飞走了，以不可思议的速度在索宾斯眼前消失。

德国秘密基地遭到UFO侦察

1942年3月14日，德国空军设在挪威的秘密基地突然发现，在他们的雷达上出现了一个飞行器，以极快的速度向基地袭来。秘密空军基地立刻进入了紧急状态，并派出一架战斗机对其进行拦截，而驾驶员是当时空军基地最好的驾驶员。然而，没有想象得那么顺利，当德国战斗机对不明飞行器进行拦截的时候，这个物体就以不可思议的速度飞走了，但飞机驾驶员还是看清楚了这个不明飞行器的样子。后来他在报告中说："这个物体是一种飞行器，呈圆盘型，没有机翼和螺旋桨，而且可以在空中直接拐弯和悬停。"收到这个报告后，空军基地的科学家称根本没见过这种飞行器，不像是人类能制造的东西。

德国秘密武器被UFO发现

德国在二战时期时，是所有国家中科技最发达的，拥有许多先进的武器。其中，V-2火箭是德国最为严密的军事机密，纳粹领袖希特勒曾经说过，有了这个武器，世界大战将会很快结束。但是，在第一次试

射 V-2 火箭的时候，却出现了不明飞行物的报告，本来德国以为是盟军的间谍飞机，担心 V-2 火箭的计划被泄露出去，所以延缓了 V-2 火箭投入战斗的计划，在一定程度上，让盟军多了一些时间获得胜利。

1944 年 2 月的一天，在许多纳粹高级将领的观看中，德国秘密基地发射了第一枚 V-2 火箭。这次的目的是试验这种高速火箭，理论上已经超过了所有人类能制造出来的速度。然而，就在发射的时候，突然看见了一个不明的发光物体

出现在已经发射的 V-2 火箭附近，围绕火箭飞行。绕了一会儿后，这个不明物体才消失不见。这件事情被纳粹首领得知后，他们非常恼怒，认为这个物体一定是盟军的秘密武器。

二次大战期间，这样的例子还有很多，但当时没有哪个国家认为这种不明飞行物是外太空文明的产物，而都认为是敌人的秘密武器。也正因为这样，这些资料被保存了起来，并且流传到了现在。

人类攻击UFO事件

虽然UFO神出鬼没，而且拥有各种神奇的能力。但是，人类也不是好惹的，特别是在国家敏感的时候，对UFO进行攻击的事件屡见不鲜，曾经就有击毁UFO的记录。下面，就介绍一些人类攻击UFO的事件。

好莱坞电影特别喜欢将外星人描述得十分邪恶，然后人类对其进行反击战，最后获得胜利。对于这样的描述，虽然是艺术上的夸张成分，但是现实中确实有人类主动攻击UFO的事情。一些电影就是从这些事情中获得灵感的。

人类首次向UFO开炮

说起来可能不相信，但是人类确实向UFO开过炮，虽然什么都没有击落。1942年2月的时候，美国洛杉矶上空突然出现了一个巨大的圆形物体。当时美国军方用雷达发现这个物体时，立刻拉响了防空警报，因为此时珍珠港事件还没有过去三个月，美国人担心自己再次被袭击。当时全洛杉矶都处于混乱状态，人们纷纷从家里逃出来，躲进地下掩体中，而军队也积极准备反击。仅仅几分钟后，洛杉矶的上空全部都是大功率探照灯和防空炮弹的爆炸闪光，许多人在探照灯的照射下，看到了这个巨大的圆形物体。防空炮火一共向这个不明物体攻击了近两个小时，等到天亮后，地上全部都是掉下来的弹壳，但没有任何不明物体的踪影。一夜之间，军队一共发射出1500余发炮弹，整个洛杉矶上空被照得夜如白昼。

第二天的时候，报纸上称这个物体是日本飞机，但是更多人相信这是一个不明飞行物。当时的总统罗斯福下令对整个事件进行彻底的调查，最终结果出来后，解释竟然是一个气球。这一点令当时的人不能信服，因为一个气球怎么可能有那么大，并且能够抵御两个小时的狂轰滥炸。但当时正处于战争阶段，所以此事也就没有多少人在意，最后不了了之了。

伊朗空军随时准备击落UFO

伊朗最近正处于风口浪尖上，因其正大力研发核武器，而这让美国十分紧张。虽然伊朗的军事力量不错，但是无奈最近频

fán chū xiàn　　　　　guāng lín yī lǎng hé shè shī de bào gào　　zhè yī diǎn ràng yī lǎng jūn fāng shí fēn jǐn
繁出现 UFO 光临伊朗核设施的报告，这一点让伊朗军方十分紧

zhāng　　　duì yú zuì jìn pín fā de　　　　　　shì jiàn　　　yī lǎng guó fáng bù bù zhǎng chēng　　duì yú rèn
张。对于最近频发的 UFO 事件，伊朗国防部部长称，对于任

hé chū xiàn zài yī lǎng shàng kōng de bù míng fēi xíng wù　　tā men dōu huì jiāng qí jī luò
何出现在伊朗上空的不明飞行物，他们都会将其击落。

美国飞行员奉命拦截UFO

nián de yī tiān　　měi guó fēi xíng yuán
1957 年的一天，美国飞行员

mǐ ěr dùn jià shǐ yī jià zhàn dòu jī　　cóng yīng guó
米尔顿驾驶一架战斗机，从英国

de huáng jiā kōng jūn jī dì qǐ fēi　　fēi dào yīng gé
的皇家空军基地起飞，飞到英格

lán dōng bù de dì qū jìn xíng huó dòng　　jiù zài tā
兰东部的地区进行活动。就在他

fēi xíng de guò chéng zhōng　　tū rán zài léi dá xiǎn
飞行的过程中，突然在雷达显

shì qì shang kàn dào le yī gè bù míng fēi xíng wù
示器上看到了一个不明飞行物，

Tips 知识小百科

当时发现的这些不明飞
行物体——日本海军的飞机
和微型潜艇偷袭珍珠港事件
发生在1941年12月7日，这
次袭击最终将美国卷入第二
次世界大战，这个事件也被
称为偷袭珍珠港或珍珠港战
役。

jiù chū xiàn zài tā de zhèng qián fāng　　fā xiàn zhè ge bù míng fēi xíng wù hòu　　mǐ ěr dùn lì kè xiàng
就出现在他的正前方。发现这个不明飞行物后，米尔顿立刻向

dì miàn zhǐ huī zhōng xīn bào gào　　chēng qí jiàn dào le yī gè bù míng fēi xíng wù　　dì miàn
地面指挥中心报告，称其见到了一个不明飞行物。地面

zhǐ huī zhōng xīn hěn kuài jiù huí fù　　　　　dào　　lì kè kào jìn bù míng
指挥中心很快就回复　　　　道："立刻靠近不明

fēi xíng wù　　　　　　　xiàng qí fā shè dǎo dàn　　wù bì
飞行物，　　　　　向其发射导弹，务必

jiāng qí jī luò　　mǐ ěr dùn jiē dào
将其击落！"米尔顿接到

mìng lìng hòu　　lì kè zhǔn bèi fā shè dǎo dàn
命令后，立刻准备发射导弹，

kě jiù zài zhè shí　　zhè ge bù míng wù tǐ
可就在这时，这个不明物体

jiù xiāo　　　　　　　　　　　shī bù jiàn le　　fǎng fú cóng lái
就消　　　　　　　　失不见了，仿佛从来

méi yǒu chū xiàn guò yī yàng
没有出现过一样。

jù mǐ ěr dùn hòu lái huí yì dào　　zhè ge　　　　　　　　　　　bù míng wù tǐ hěn
据米尔顿后来回忆道，这个　　　　　　　不明物体很

大，和现在的轰炸机一样，而且距离他的位置只有十几千米而已。

当时他的飞行速度约为1000千米/小时，而这个不明物体的飞行速度已经超过了16000千米/小时，正因为如此，他当时没有对其进行追击。事后进行调查时，认为这个可能是外星人的飞碟，正经过英格兰的上空。

英国空军追击UFO

2003年的时候，美国解密了一份绝密文件，其中记录了英国空军对UFO进行追击的事件。1956年的时候，英国的东部雷达发现了很多不明发光物体，英国空军立刻派遣十多架战斗机对其攻击。经过了七个多小时的奋战，这些不明飞行物以不可思议的速度逃走了。

据后来空军的研究称，这些不明飞行物的速度超过了4000英里，而且这种不明飞行物可以在空中急转弯，这是人类飞机根本无法做到的。

专家指出，这种UFO极有可能是外星人的飞船编队，而且无意与人类为敌，所以没有对人类进行攻击。

神奇的外星人绑架失忆案件

外星人绑架人类的离奇事件经常发生，经过和外星人的接触以后，这些被绑架的人，有些遭受到了残酷的人体试验，也有的只是普通的正常接触。他们大多都会出现一段时间的失忆，只有经过催眠后，才知道这段时间发生的事情。

外星人拥有许多特殊的本领，除了心电感应之外，还有让人失忆的能力。那些被绑架的人被送回地球后，通通失去了记忆，当记忆被唤醒后，才知道自己曾经被外星人做过试验。下面，就介绍一些著名的被外星人绑架失忆事件。

英国警察被绑事件

1987年的一天，英国一个小镇上的警察正在自己家外面散步，当时他手里拿着一个照相机，希望能拍一些美丽的景色。他四处寻找美丽景色，意外地走进了一座森林中，森林被一层薄雾笼罩。就在他打算走出森林的时候，突然看见远处一个体型较小的人形生物，而且这个人形生物正在向他招手。这名警察立刻举起照相机想把这个奇怪的生物拍下来，可这个奇怪的生物转身就跑了，消失在薄雾之中。

警察随后追了上去，希望能抓住这个奇怪的生物，或者拍下一些清楚的照片。然而，他没有想到，追了一阵子后，却在这个奇怪生物消失的地方，看到了一个巨大的UFO腾空而起，很快飞入空中不见了。之后，这名警察在原地查探了一下，就返回镇子去了。之后冲洗的照片中，他意外发现自己竟然有一个小时的时间莫名其妙地消失了。这名警察在当地很有信用，所以这件事情被认为确有其事，不是编造的。事后，一些人对其进行调查，但没有发现任何有用的证据。所以对于这名警察失踪的一个小时，只能归结为警察的短暂昏迷，但警察坚称自己没有任何昏迷症状，并且也从来没有摔倒过。那么，这一小时会不会是外星人搞的鬼，让警察失去了一个小时的记忆呢？

阿拉加什航道绑架案

发生在1976年的阿拉加什航道绑架案可能是著名的外星人绑架案之一，也是有过记载和经过催眠还原事件经过的案例，其可信度十分高。1976年的一天，双胞胎兄弟杰克和吉姆，还

yǒu tā men de péng you kù kè hé chá lǐ yī qǐ wài
有他们的朋友库克和查理一起外

chū diào yú tā men shí fēn xǐ huān chuí diào dāng
出钓鱼。他们十分喜欢垂钓，当

shí xuǎn zé jìn xíng yè jian diào yú zhè yàng cái gèng
时选择进行夜间钓鱼，这样才更

yǒu yì si tā men lái dào yīng hú fù jìn xiān
有意思。他们来到鹰湖附近，先

zài àn biān diǎn rán yī duī gōu huǒ rán hòu chéng
在岸边点燃一堆篝火，然后乘

zuò dú mù zhōu qián wǎng hú zhōng diào yú jiù zài
坐独木舟前往湖中钓鱼。就在

tā men diào de hěn kāi xīn shí tū rán fā xiàn yǒu yī gè shén mì de fā guāng wù tǐ xiàng tā men xí
他们钓得很开心时，突然发现有一个神秘的发光物体向他们袭

lái tā men bèi yǎn qián de yī mù jīng dāi le dāng tā men yì shí dào yǒu wēi xiǎn shí lì kè pīn
来，他们被眼前的一幕惊呆了。当他们意识到有危险时，立刻拼

mìng xiàng àn biān huá qù dàn wèi shí yǐ wǎn zhè ge bù míng fā guāng wù tǐ
命向岸边划去，但为时已晚，这个不明发光物体

yǐ jing chū xiàn zài tā men de shàng kōng
已经出现 在他们的上空。

ér hòu tā men mò míng qí
而后他们莫名其

miào de chū xiàn zài àn
妙地出现在岸

biān ér nà ge
边，而那个

míng fā guāng fēi
明发光飞

bù
不

xíng wù zǎo yǐ xiāo shī bù jiàn tè bié shì dāng shí zài àn biān diǎn rán de gōu huǒ cǐ shí què zǎo yǐ
行物早已消失不见，特别是当时在岸边点燃的篝火，此时却早已

rán shāo dài jìn tā men duì zhè xiē qí guài de xiàn xiàng shí fēn mí huo shāng liang le yī fān hòu yě
燃烧殆尽。他们对这些奇怪的现象十分迷惑，商量了一番后也

méi yǒu dé dào jié guǒ zuì hòu zhǐ néng mǎn huái yí lǜ de fǎn huí jiā lǐ
没有得到结果，最后只能满怀疑虑地返回家里。

被外星人抓去试验

rán ér méi yǒu xiǎng dào de shì   tā
然而没有想到的是，他

men huí jiā hòu è mèng bìng méi yǒu suí zhī
们回家后噩梦并没有随之

lí qù   fǎn ér zēng jiā le tā men de
离去，反而增加了他们的

kǔ nǎo   huí jiā hòu de tā men   měi tiān
苦恼。回家后的他们，每天

wǎn shang dōu chóng fù zuò è mèng   zhè
晚上都重复做噩梦，这

xiē è mèng dōu shì guān yú zì jǐ bèi shì
些噩梦都是关于自己被试

yàn de jǐng xiàng   zhī hòu   tā men zài
验的景象。之后，他们再

yī cì jù jí zài yī qǐ   dé zhī tā men dōu yǒu zhè
一次聚集在一起，得知他们都有这

yàng de qíng kuàng   yú shì jué dìng qù yī yuàn jiǎn chá yī xià   dào le yī yuàn hòu   yī shēng tuī
样的情况，于是决定去医院检查一下。到了医院后，医生推

jiàn tā men qù zuò cuī mián zhì liáo   kě néng huì bāng tā men huàn xǐng yī xiē jì yì   jīng guò cuī mián
荐他们去做催眠治疗，可能会帮他们唤醒一些记忆。经过催眠

hòu   tā men cái zhī dao zì jǐ céng jīng bèi mǒ qù guò jì yì   yīn wèi wài xīng rén bǎ tā men zhuā
后，他们才知道自己曾经被抹去过记忆，因为外星人把他们抓

dào   shàng zuò shì yàn   zhè xiē shì yàn shí fēn tòng kǔ   bāo kuò tí qǔ tā men shēn shang de tǐ
到 UFO 上做试验。这些试验十分痛苦，包括提取他们身上的体

yè   shèn zhì shì bǎ tā men tuō gè jīng guāng jiǎn chá shēn tǐ
液，甚至是把他们脱个精光检查身体。

zhè sì wèi shòu hài zhě   fēn bié jiē shòu dú lì de cuī mián   tā men de huí yì yě dōu wán
这四位受害者，分别接受独立的催眠，他们的回忆也都完

quán yī zhì   ér hòu   tā men bǎ zhè xiē wài xīng rén de xiàng mào hé   nèi bù huán jìng huì zhì
全一致。而后，他们把这些外星人的相貌和 UFO 内部环境绘制

chū lai jiāo gěi le xiāng guān jī gòu   tóng shí   tā men hái jīng guò le cè huǎng qì de jiǎn cè   què
出来交给了相关机构。同时，他们还经过了测谎器的检测，确

dìng tā men bìng méi yǒu shuō huǎng
定他们并没有说谎。

UFO对牛羊的残杀是为了试验吗

UFO的出现似乎很多，但是UFO攻击牛羊的事情却很少被报道。事实上，从20世纪80年代开始，美国的各个州都发生了不少牛羊被残害的事件，据不完全统计，这些被残害致死的牛羊甚至达到了一万多头，堪称罕见。

20世纪80年代以来，美国大部分地区出现牛羊被残害的事件，这些被残害的牛羊身上并非血肉模糊，而是没有一点血，而且器官还被取走了。有些牛的尸体最后还会成为干尸，更为神奇的地方是，在事发现场，任何线索都没有留下。

怀孕母牛惨遭杀害

1989年的一天，在阿肯色州的一个牧场里，有5头怀孕的母牛被杀害了。这些母牛的腹部都被刨开一个大洞，子宫、内脏、小牛全部被取走了。这些尸体还被摆放在一条直线上，周围的地上没有任何工具的痕迹，甚至连一滴血都没有。闻讯而来的警察和记者都对牧场主进行采访和调查，他们说这些牛这段时间一直莫名其妙地被杀害，奇怪的是，有些牛的尸体被摆放超过一个月之久，竟然也没有腐烂，甚至连苍蝇都没有一只。而且，这些牛的力气很大，根本不是一两个人就能完成的，就算是刚出生三个月的小牛，都需要几个男人骑马，用绳子才能抓到。

当时参加调查的一位警官称，当时他来到农场的时候，有一只母牛还没有死，只是牛的样子太惨不忍睹了。牛的脸部都被割烂了，但是上面没有流一滴血，用来割牛的东西一定是极其锋利的，任何刀具都完成不了，恐怕只有激光刀才行。之后，警官将一具牛的尸体带到医院，打算用激光刀试验一下，看看是否激光刀所致。试验结束后，确实得到了类似被切割牛的伤口，但是伤口处却留下了灼伤的痕迹，和被杀害的牛身上的伤口明显不同。这也就证实，这种伤口绝对不是激光刀所致，而且激光机十分大，也不可能被搬来搬去。

外星人杀羊事件

无独有偶，1968年的一天，某地的农场主赶自己的羊群回家，她将所有羊都赶回羊圈中后，再去照顾其他的牲畜。当她再返回羊群的时候，突然发现一个奇怪的矮人出现在了她的羊圈中，而且正在用一种钩子状的东西杀害她的羊。农场主看到有人后，第一反应就是这个人是偷羊贼，于是便捡起地上的石块，向那个偷羊贼扔过去。石块并没有击中偷羊贼，但偷羊贼已经知道自己被发现了，于是跑向另一个方向。农场主看到，这个偷羊贼正在将东西收入一个像收音机一样的盒子内，而收入的东西就是一些羊的内脏。

农场主看到这个偷羊贼打算逃跑，很快找到一根棍子冲了过去，但这个偷羊贼并没有逃跑，反而向农场主冲了过来。等农场主看清楚偷羊贼的长相后，立刻就停止了脚步，不再上前。因为农场主确信自己看到的绝不是人类，而是外星人。外星人看到农场主并没有上前，便转身拿走盒子，然后迅速消失在了远处。等到农场主从惊讶中缓过来后，立刻报了警。警察赶到现场，对残杀的羊进行了研究，发现这些羊不但没有血迹，而且身上的切口十分光滑，似乎是被一种极其锋利的刀具所切割的。

知识小百科

有一种关于恶魔崇拜主义者的说法，认为这些残杀牛羊的事件，只是为了进行某种仪式，事实上有一些家畜被残杀事件的现场都有仪式的残留痕迹。另外的说法是最普遍的，也就是外星人试验说，即这是为了获得地球上生物的信息而做的实验。

最早的虐杀牲畜记载

其实，早在20世纪60年代，就已经有虐杀牲畜的相关报道。1967年9月7日，当时，全美国正在对UFO现象进行狂热研究中，而位于科罗拉多州的一处小牧场，却发生了一件不可思议的事情。这个牧场发生了一匹马被残杀的事件，这就是历史上有名的家畜惨死事件——"史尼比事件"。这匹三岁大的马被人们发现的时候，死状十分的凄惨，两肩以上的肉被割成小块丢弃在尸体旁，仅余头盖骨及脖子部分的骨骼，看到这样的场面，所有人都想吐。

但是，马是如何死的并不是唯一的不解之谜，在马尸附近地面还有以喷射火焰烧焦的痕迹，而且现场附近还有UFO目击事件。这件事一经报道，立刻传遍了美国，全世界的大多媒体也争相报道。有些报纸亦以大幅标题指出这是一项"来自UFO的解剖事件"。此后，这种家畜虐杀事件不断发生，并且是集体惨死。

UFO攻击人类的事件

U FO给人的感觉都是一种神秘莫测，飘忽不定的样子，而且UFO目击事件大多都是从远距离目击，很难观看到UFO的全貌。然而，也有一些极个别的案例，显示UFO也有可能会攻击人类或者人类设备。

UFO 攻击人类似乎不可思议，但是确实有过这样的报道，而且有证据显示人类确实被不明飞行物所攻击了。当然，还有一些不明飞行物攻击人类设备的报道，至于不明飞行物为什么攻击人类，就不得而知了。下面，就介绍一些不明飞行物攻击人类的事件。

巴西男子被UFO袭击

不明飞行物攻击人类的事件中，巴西男子的遭遇是最典型，也是最著名的一个。没有人知道UFO为什么会攻击他，但他的身上确实发生了一些怪事。1973 年 5 月 22 日凌晨 3 点左右，41 岁的巴西男子开车回家，他当时正悠闲地在盘山公路上行驶，突然发现车子里出现了一道奇怪的蓝光。这道蓝光是光束形式的，直径大约有 20 厘米，这道光束不停在车子里移动，仿佛在搜索什么东西一样。当这道光照射到车前的盖子上后，巴西男子竟然能看到车子内部的引擎装置，这让巴西男子大吃一惊。当他这样想的时候，突然发现一道明亮的蓝光，出现在他的车子正前方，正

在向他缓缓接近。刚开始他以为是一辆货车，但是这辆货车并没有停止运动，反而向他撞了过来。巴西男子发现后，立刻刹车抱紧脑袋。但等了很长一会儿，也没有发现车子被撞去。

他从车子里探出头来，看看是否货车已经开远，却看到了车外不远处悬停着一个不明物体。这个物体大概有10米，他起初认为是降落的直升机，但是却没有听到直升机螺旋桨转动的声音。就在这时，他感到闷热，他决定到外面向直升机寻求帮助，当他出去后，却发现这个物体并不是什么直升机，而是一种圆盘状的不明飞行物。这个不明飞行物向他的上方飞过来，并且从底部伸出了一根管子。巴西男子意识到自己可能有危险，于是快速跑向森林，但感觉后面有人在追他。惊慌失措的巴西男子，慌不择路地乱跑，最后不知怎么就晕了过去。

身上出现异样现象

等巴西男子再次苏醒的时候，已经是第二天上午了，是两个过路的年轻人将他救起来的，他们报了警。等他镇定后，向警察叙述了当时的情景，起初警察不相信，但经过催眠师的催眠后，发现他所说的话一点都不假。做完催眠后，巴西男子感到背后很痒，而且上面开始出现一些不规则的紫蓝色斑点，但是不疼。不久后，这些斑点又变成了黄色。经过认真检查，发现一切都正常，但却无法分析出这些斑点是什么原因造成的。之后这件事被当地的媒体报道，就成为了最著名的外星人袭击人类事件。

但就事实上看，UFO对人类似乎没有任何恶意，只是对人类充满好奇，想观察一下而已，否则的话，巴西男子根本逃脱不了。

Tips 知识小百科

官方公认的第一例"飞碟攻击案"发生在美国。美国一飞行员奉命拦截一架不明飞行物，当跟踪到6500米高度时无线电联系突然中断，接着人们发现了飞行员所驾驶的飞机的残骸。这就是神秘飞行物对飞机进行攻击所造成的可怕后果。

第六章
Chapter 6

神秘来客——外星
人真的存在吗

UFO已经成为了外星人飞船的代名词，每当人们发现UFO的时候，都会称其是外星人的宇宙飞船。那么，究竟外星人是否存在？浩瀚的宇宙中，是否有我们不知道的智慧生物存在？这些智慧生物又是否来到了地球上，监视我们或者拿人类做试验？下面，就让我们一起来找答案。

月亮上有外星人基地吗

月亮是地球的唯一天然卫星，也是地球上生物赖以生存的天体，对于地球来说，月亮和太阳都是极其重要的星球。太阳为地球提供能量，有了太阳才会有植物，才会有动物。而月亮会替地球抵挡小行星的撞击，月亮上的坑坑洼洼就是最好的证明。

月球是人类第一个踏足的外星星球，虽然离地球的距离只有几万千米，但这对人类来说极其重要。美国的阿波罗计划是登陆月球中最出名的科技项目，而后才有苏联宇航员登陆月球。但是，30年前，不论是美国还是苏联，都突然放弃了登月计划，曾经频繁的登月行动，不知为何悄然停止。而且，经过了30多年，美国和苏联都再没有任何登月的计划。就连美国的航天飞机，也只是在地月之间进行一些科学研究，从未前往月球。是什么让两个超级大国同时放弃了登月计划呢？苏联可能是因为解体的原因，但美国放弃了这项计划就说不过去了。人们不仅猜测，在月球上到底发生了什么，让美国如此忌惮。

宇航员称UFO一直在身边

自从阿波罗登月计划实施后，美国国家航天局称，所有25名参与"阿波罗"登月任务的宇航员，都曾经在月球上空遭遇过不明飞行物体。对于这件事情，有一些曾登上月球的宇航员也出面证明，事实确实如此。而且，有人曾透露，数次的登月任务都遭到了某种地外神秘力量的监控。对于在月球上看到UFO的事情，宇航员和地面指挥中心早已见怪不怪了。

有一种观点认为，人类之所以在30年前停止了所有登月计划，是出于对月球上存在的外星力量的恐惧。这种观点认为，我们地球上平时常见的UFO，很有可能就在月亮的背面。因为月球是离地球最近的天体，而且从地球上只能观测到月亮上的一面，很有可能，外星生命就生活在我们看不见的一面上。有些UFO专家称，在月球的背面存在许多外星人基地，他们生活在月球，并且不时地对地球进行观测。2010年，日本天文学家就曾在月球的背面拍摄了好几个500米以上的黑色物体，以Z字形的运动轨迹，快速穿过月球的表面。

月球是空心的

月球并不是实心的，而是空心的。这可不是胡乱猜测，而是有确凿的证据的。1970 年 4 月，"阿波罗" 13 号飞船的一部分解体，重达 15 吨的一部分坠落到月球的表面。而就是这次意外坠落，让月球的地震仪记录到了长达 3 小时的震荡余波。如果月球是实心的话，那么这种震荡波只能持续一分钟左右，就会被释放到外太空中。而恰恰相反，月球就如同一个大钟一样，受到撞击就会不停地颤动，所以才有这么长时间的震荡波产生。有些 UFO 专家认为，我们平时所见的月球，可能是外星人制造的星体，而中间是外星人的长久基地。

月亮上的奇异现象

我们认识到的月球上，可能是一片死寂沉沉的地方，没有生命，没有大气，没有水，甚至连细菌都没有。但是迄今为止，关于月球的记录显示，月球可能并不是我们认识的那样。1671年，科学家卡西尼就曾发现月球上有一片云，并且记录了下来。而事实上，科学家也证实，月球上很有可能存在冰。美国航天局的"月球探测者"飞船曾发回一系列图片，在月球南极的附近存在大量"明亮的反光"。科学家认为，这些明亮的反光很可能就是冰。而且经过详细探测，在撞击月球的试验中，也发现了液态水存在的证据。

这就说明，月球上可能适合生物的生存，有了水就有了可能。并且，许多科学家和天文工作者，在月球上都发现各种不明物体，这也从侧面说明月亮上可能有生物的存在。

1882年，科学家就在月球表面的"亚里士多德区"发现了不明移动物体；1945年，在月球表面的"达尔文墙"上发现了三个明亮光点；1955年9月，再一次发现这里出现二次闪光。除了这些意外，还有许多相关的记载，这说明距离我们最近的月球，可能有我们并不了解的现象。

外星人的基地在地球上吗

从历史上可以看出来，UFO已经存在了很久很久了，那么这些UFO肯定不会到了地球后再回去，而很有可能很早就在地球上定居。这些UFO既然存在于地球上，那它们会藏在什么地方呢？

UFO存在于地球上已经毋庸置疑，但是这些神出鬼没的 UFO，到底在什么地方呢？难道 UFO会来回往返于星际之间？这样只会造成不必要的浪费。所以，科学家们猜测，地球上的外星人，早就建造了许多外星基地。这些外星基地处于人迹罕至的地方，每当外星人出去考察的时候，就会利用 UFO 前往各地，考察完成后，再返回自己的基地。这样，外星人就不用往返星际之间，可以长期考察地球。下面，就来介绍一些最有可能成为外星人基地的地方。

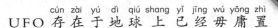

加州中部的外星人基地

自从美国罗斯威尔事件发生以后，一些 UFO 研究者在对其进行观察的时候，意外发现美国加利福利亚州中部，可能存在一个不可思议的"不明飞行物大三角"，就和百慕大三角一样，这里是飞碟事件的多发区。有专门的 UFO 研究者在此建立了据点，

duì zhè yī qū yù jìn xíng jiān shì　　zhè yī piàn sān jiǎo qū yù　　bāo kuò měi guó zhù míng de　　qū
对这一区域进行监视。这一片三角区域，包括美国著名的51区

hé zhōng guó hú shì yàn chǎng　　gēn jù　　　　yán jiū zhě chēng　　zhè lǐ jīng cháng huì chū xiàn
和中国湖试验场。根据UFO研究者称，这里经常会出现UFO

de bào gào　　bù lùn shì mù jī bào gào hái shi wài xīng rén jiē chù bào gào　　dōu bǐ qí tā qū yù de bào
的报告，不论是目击报告还是外星人接触报告，都比其他区域的报

gào gèng jiā pín fán　　lìng wài　　zhèng shì yīn wèi zhè lǐ yōng yǒu　　qū zhè zhòng chū míng de jūn shì
告更加频繁。另外，正是因为这里拥有51区这种出名的军事

jī dì　　suǒ yǐ yě huì chū xiàn jūn fāng mì mì yán zhì de jūn yòng fēi xíng wù
基地，所以也会出现军方秘密研制的军用飞行物。

gēn jù yī xiàng tiān kōng bù míng fēi xíng wù de tǒng jì　　měi nián fā shēng zài měi guó de
根据一项天空不明飞行物的统计，每年发生在美国的

bào gào zài　　　　qǐ yǐ shàng　　ér　　bù míng fēi xíng wù dà sān jiǎo　　dì qū jiù zhàn le
UFO报告在5000起以上，而"不明飞行物大三角"地区就占了

qí zhōng　　　　　zhè yàng
其中25%。这样

dà de bǐ lù　　shuō míng
大的比率，说明

zhè lǐ què shí cún zài yī
这里确实存在一

xiē bù kě sī yì de dì
些不可思议的地

fang　　fǒu zé yě bù huì
方，否则也不会

yǐn qǐ wài xīng rén de guān
引起外星人的关

zhù　　　cháng cháng pǎo dào
注，常常跑到

zhè lǐ lái
这里来。

魔鬼百慕大三角

duì yú mó guǐ bǎi mù dà sān jiǎo dì qū　　chuán yán zuì duō de jiù shì zhè lǐ lí qí de fēi jī
对于魔鬼百慕大三角地区，传言最多的就是这里离奇的飞机

hé chuán zhī shī zōng àn jiàn　　ér qiě zhì jīn méi rén zhī dao wèi shén me zhè lǐ huì chū xiàn zhè zhǒng
和船只失踪案件，而且至今没人知道为什么这里会出现这种

zhuàng kuàng　　yǒu xiē　　　　yán jiū zhě chēng　　hěn yǒu kě néng zài bǎi mù dà sān jiǎo dì qū xià
状况。有些UFO研究者称，很有可能在百慕大三角地区下

mian　cún zài yī gè wài xīng rén jī dì　　zhèng yīn wèi wài xīng rén jī dì de cún zài　　cái huì dǎo zhì
面，存在一个外星人基地，正因为外星人基地的存在，才会导致

大量飞机和船只的沉没。UFO

研究者称，这些失事的飞机和船

只，大多都是因为无线电和一些

电气设备被干扰，导致迷失航向

或者意外触礁而沉没。而这些是

因为外星人在百慕大三角下面建

造了基地，基地具有侦察附近物

体和生物的功能，而且会释放强大的电磁场，对这些物体进

行干扰。

还有一部分研究者认为，干扰并不一定是外

星人放出来的，而是无心之过。可能是外星

人向自己的星球发送信息，这种信息由强

大的脉冲信号或者其他能量组成，而发射的

时候正巧有飞机或者船只经过，所以就造成了飞

机或者船只的雷达失灵、无线电失灵、自动导航系

统失效等状况，最后坠毁或者沉没。

外星人有母船在地球上

有UFO专家称，外星人可能有一架巨大的母船，平时就停留在没有人的区域，比如空中、海底、高山上，这样，只要外星人想要探测地球的时候，就可以派出小型的UFO，也就是我们常见的UFO。当UFO探测完成，再回到母船上，这样就可以持续不断地进行探测。而且，当遇到危险，或者探测完成的时候，就可以前往另外一个星球进行探测，不需要来回飞行。

如果是这样的话，这个母船就一定很大，最起码有几百平方千米那么大。这么大的物体存在于地球上，一定具有十分先进的科技可以帮助其隐藏起来，不被地球的探测器发现。关于这一点，确实有过相关的证据，美国曾经在雷达上探测到，美国领土上空有一个几百平方千米的飞行物。但是，当美军飞机前往探查的时候，却没有发现任何东西。起初人们认为是雷达的故障，但是经过修理后，发现雷达并没有任何问题。那么，就很有可能是发现了UFO的母船，而母船具有反侦察装置，所以什么都没有发现。

外星人具有心灵感应的超能力吗

外星人和人类交流会用什么语言呢？是英语、法语还是汉语呢？对于这个问题，科学家告诉你，外星人很有可能用的是心灵感应。也就是不通过说话，就可以让你知道他们在想什么，他们也知道你在想什么。

心灵感应大多被描述为超能力，一些超级英雄就具备这样的能力。然而，许多外星人目击事件中，目击者称外星人也具备这样的能力，能够直接入侵目击者的思想，和目击者直接进行思想上的对话。

能感觉到外星人的思想

美国的 UFO 报告中，有这样的一起记录。目击者称当时看到一个飞碟，而且从飞碟上走下来了一个外星人，并且尝试和他进行交流。这种交流不是语言上的交

流，而是通过心灵感应的方式。据目击者称，当时外星人出来后，他的脑海里产生了奇怪的声音，有点类似于一些动物混杂的声音，这是地球上根本不存在的。经过一段时间后，这种声音变成一种生涩的英语。这时，他才知道外星人打算让他做什么，并且想告诉他什么。而且，没有等到这个人说出他想问的问题，外星人就已经回答了。

外星人为什么用心灵感应呢

我们不知道外星人的语言是什么，但肯定和地球上的各种语言不一样，因为那是另一个星球上的语言。但是，外星人来到地球上后，打算和地球人沟通，就必须用语言的形式。而心灵感应的方式，很有可能是最有效的方法。如果让外星人学习一种语言，或者将地球上所有的语言都学会，这显然是不可能的。而用了心灵感应的方式，地球人就能轻而易举地知道外星人在想什么，因为外星人是把思想传送到了我们的大脑中，而不是通过语言叙述。比如外星人想告诉我们他们是没有恶意的，如果用语言，可能没有人知道他们说的是什么，但是外星人将一些有关友好的思想传送到我

Tips 知识小百科

被视为DNA之父和神经研究专家的克里克承认，"我们对于人脑不同部位的认识仍处于初级阶段"。他相信人类大脑的潜能还没有得到完全的开发，将来的人类一定会具备各种超能力，比如"心灵感应"。

men de dà nǎo zhōng　　wǒ men jiù huì míng bai tā men de yì si　　zhè shì yǔ yán suǒ bù jù bèi de
们的大脑中，我们就会明白他们的意思。这是语言所不具备的

néng lì
能力。

人类的心灵感应现象

qí shí　　shuō qǐ xīn líng gǎn yìng xiàn xiàng　　yǒu xiē rén lèi yě jù bèi zhè yàng de néng lì
其实，说起心灵感应现象，有些人类也具备这样的能力。

bǐ rú shuāng bāo tāi　　tā men de sī xiǎng jiù huì hù xiāng yǐng xiǎng　　yǒu shí hou gēn běn bù xū yào
比如双胞胎，他们的思想就会互相影响，有时候根本不需要

duì fāng shuō shén me　　jiù néng zhī dao duì fāng zài xiǎng shén me　　zài bǐ rú yī gè yù dào le wēi
对方说什么，就能知道对方在想什么。再比如一个遇到了危

xiǎn　　nà me lìng wài yī gè jiù huì gǎn dào wēi xiǎn　　shèn zhì shì shēn tǐ chū xiàn mò míng qí miào de
险，那么另外一个就会感到危险，甚至是身体出现莫名其妙的

qíng kuàng　　zhè yàng de xiàn xiàng　　dōu shì rén lèi xīn líng gǎn yìng de yī zhǒng　　chú le shuāng bāo tāi
情况。这样的现象，都是人类心灵感应的一种。除了双胞胎

tiān shēng jù yǒu zhè zhǒng néng lì wài　　hái yǒu yī xiē pǔ tōng rén yě jù bèi zhè yàng de néng lì　　kē
天生具有这种能力外，还有一些普通人也具备这样的能力。科

xué jiā yě zhèng shí　　yī xiē rén yīn wèi nǎo diàn bō de gōng lǜ tè bié dà　　yǒu shí hou néng gòu gǎn
学家也证实，一些人因为脑电波的功率特别大，有时候能够感

yìng dào bié ren de nǎo diàn bō　　huò zhě shì gān rǎo dào bié ren de dà nǎo　　zhè yàng　　jiù xíng chéng le
应到别人的脑电波，或者是干扰到别人的大脑。这样，就形成了

xīn líng gǎn yìng xiàn xiàng　　ér wài xīng rén bèi mù jī zhě miáo shù de yàng zi dōu shì dà nǎo dai　　shuō
心灵感应现象。而外星人被目击者描述的样子都是大脑袋，说

míng tā men de dà
明他们的大

nǎo gèng jiā fā dá
脑更加发达，

zhè jiù hěn yǒu kě
这就很有可

néng yǐng xiǎng rén lèi
能影响人类

de dà nǎo　　cóng
的大脑，从

ér hé rén lèi jìn
而和人类进

xíng xīn líng shàng
行心灵上

de jiāo liú
的交流。

外星人为何不直接接触人类

如果真的存在外星人的话，它们为何不与人类直接接触，却采用秘密探查的形式呢？比如直接出现在天安门广场上，然后走下来对人类打招呼。虽然让人类一时恐慌，但人类知道他们是没有恶意的，相信也就不会在意这些了吧。

一些对 UFO 和外星人持怀疑态度的人，就抓住这个问题不放，认为 UFO 现象只是一些人的幻想和欺骗而已。然而，一些 UFO 现象支持者和研究者认为，外星人没有直接接触人类，是有自己的考虑的。既然外星人拥有如此高的科技，那么就一定不会如此莽撞地接触人类。也就是说，很有可能是外星人想要守住这个秘密，才不直接接触人类的。

外星人首领的指示

如果外星人中，也存在一个首领的话，那么，不接触人类很有可能就是这个首领的意思。一些外星文明研究者认为，外星文明具有很高的科技和智慧，他们不会直接干预某个文明的进程。就是说，外星人只是作为一个观察者，观察地球上人类文明是如何前进的，而不会直接出现在人类面前，让人类更快地进步。这个观点有些类似于成语"揠苗助长",也就是不想让人类发展那么快,担心人类发展过快会出现不好的影响。因此,外星人首领指示其他星球的探测者,如果这个行星没有达到一定的文明程度的话,就不要改变它的自然轨迹。

外星人让人类先做好心理准备

有些UFO研究者认为,外星人是没有任何恶意的,他们不直接接触人类的原因,是担心人类无法接受,从而对他们自己造成伤害。所以,外星人先派遣一些飞碟和探测者在地球上进行侦察,并且不时地出现在世界的各个地方。这样一来,人类就对外星人有了初步认识,首先是知道外星人是存在的,其次才是和外星人进行沟通。

某些人宣称自己是外星人选定的少数人,外星人就是通过他们向人类传递信息等。当然,这样的说法根本站不住脚。如果外星人想向人类传递一些信息,最好是先调查一下人类中哪些人被公众所信任,然后通过他们向人

类传递信息，这样人类才会相信。而找一些普通得不能再普通的人，结果只能让人们认为他们是骗子，简直是多此一举。既然外星人没有找哪个公众人物做宣传，也就说明，外星人认为让人类知道他们的存在还不是时候。如果时候到了，外星人自然会找一些先知，让他向我们传递外星的信息。

外星人其实在做研究

有一部分认为外星人有害的人认为，外星人没有公开它们存在的原因很简单，因为外星人在做坏事。他们认为，外星人并没有这么友善，他们的科技十分发达，看人类就如同人类看小白鼠一样。外星人只是把我们当作一种试验工具，来地球的原因就是为了收集地球上的信息，然后带回自己的星球做研究。至于做什么研究不得而知，但肯定不是什么对人类有益的事，所以外星人根本没有必要公开自己的存在。

外星人如何来到地球上

距离地球最近的行星是金星，大概有4300万千米，这种距离以光速过去都需要140多秒，而以人类最快的飞行器过去，则需要2年多的时间。如果人类想要飞出太阳系，最少需要几十年的时间才行。

我们知道，星际旅行是极为漫长的，因为宇宙实在太大了。银河系的直径约有10万光年，如此庞大的银河系在无边无际的宇宙中也只是沧海一粟，冰山一角，而对于目前连太阳系都走不出的人类而言，银河系大到足以让人类无法涉足。如果真的有外星人的话，那么外星人将会如何从一个星球飞到地球上呢？

光速飞行的机器

我们知道世界上速度最快的就是光，每秒钟就可以飞30万千米，那么，外星人会不会利用的是光速飞船，从遥远的星球飞到地球的呢。虽然有这个可能，但是让外星人乘坐光速飞船也需要很多年才能到达。因为这样的旅行有可能需要几万年的时间，这么长的时间连生存都是问题。

超光速飞行

光速虽然是目前已知速度最快的速度，而且爱因斯坦也曾说过光速是不可超越的，但科学是一直进步的。从牛顿的"经典力学"到爱因斯坦的"相对论"，人类就已经进步了许多，科学上也出现了翻天覆地的变化。所以，未来可能会有一种新的理论，证明超光速是可能存在的，而外星人就有这样的技术，利用超光速前往地球，在很短的时间里到达。

这种理论认为。UFO的最外层有一圈产生超光速能量的装置，在飞船周围产生足够的超光速能量。当这些光产生的时候，飞船就会在周围发光，类似亮了一圈灯，但当上层的激光连接下层的激光圈的时候，飞船就被激光能量场包围。当能量达到一定程度时，人类看到是飞船爆炸了，实际是加大到了超光速。这种飞船所用的能量场产生原理与人类的激光器差不多，也是由强大的电场激发飞船外围的物质形成激光。飞船的核心发

Tips 知识小百科

光波或电磁波在真空或介质中的传播速度。光速是目前已知的最大速度，物体达到光速时会拥有无穷大的能量，所以按目前人类的认知来说达到光速不可能，所以光速、超光速的问题不在物理学讨论范围之内。

动机是人类目前不知的一种粒子结构形式，把它们束缚在狭小的空间里不断地输送出强大的能量，这种发动机的能量产生远远超过人类设想的反物质的能量强度。再就是通过能量场特别是飞船的碟形外圈能量场可以使得飞船被自身产生的超光速能量束输送，达到从超过光速数倍到上百倍的速度飞行。

从虫洞中穿越

"虫洞"理论是由美国理论物理学家索恩提出的，这种理论称，存在一种被称为"虫洞"的通道，连接两个遥远的区域。正常行驶的话可能需要几十万年才能到达的地方，从虫洞中可能只需要几年。人类就好比苹果上的虫子，如果虫子一直在苹果的表面爬，就需要走完苹果的表面长度。而虫子在苹果上打个洞，就可以直接从苹果的一端到达另一端，直线肯定比曲线短。

外星人究竟长什么样

外星人的样子会和我们人类一样吗？也有两只眼睛、一个鼻子、一张嘴巴吗？外星人会不会有三只眼睛呢？这些问题虽然没有确切的答案，但是很多人都声称自己见过外星人，这些外星人的长相也各不相同，下面我们就来看看这些被描述的外星人是什么样子。

影视剧中，外星人的样子千奇百怪，不是统一的。而最被大家所接受的样子，就是电影《ET》中的外星人。这种外星人有大大的眼睛，大大的脑袋，还有细长的四肢，而且拥有超能力。虽然电影中的外星人有些很可爱，有些很丑陋，但现实中声称见过外星人的人，可不这样认为。

侏儒型外星人

这一类外星人有一个共同的特征，就是很矮。据目击报告中称，这一类外星人大约只有1米高，脑袋十分大，身体十分瘦弱。1954年的一天，一个法国人称自己遇见了这种外星人。当时正是半夜两点，这名法国人正在回家的路上，突然，他听到了一种金属摩擦的刺耳声。他抬头四处寻找声音来源，在他前面十多米的地方，看见了一个圆盘状的物体停在路边。而

123

这个圆盘状物体的旁边，就站着两个很矮小的类人生物，似乎在修理什么。当这名男子想过去看看的时候，却被两个矮人发现了，只见矮人从后背拿出一个类似手电筒的物体，对男子发射了一道光束，男子就晕了过去。

据这名男子后来的描述，这个矮人和侏儒型外星人十分相似。关于这样的外星人，目击事件不止一起。1979年的一天，苏联的一个伐木工正在森林里采蘑菇。他突然发现后面有一个圆形、闪闪发光的物体。当他正惊讶地看着这一物体时，从这个物体后面走出来两个矮人。他们的身高只有1米左右，脑袋很大，身体很瘦小。而且，他们的身上还穿着紧身衣，类似于潜水员穿的衣服。当时他们在谈话，声音很大，但是这名伐木工根本就听不懂他们在说什么。大概过了5分钟，这两个矮人就上了飞行器，很快离开了森林。

类似机器人的生物

Tips 知识小百科

有一些目击者称，他们看到的外星人和机器人很像。1973年，两名美国人就曾见过这样的外星人。当时他们正准备出门，却意外看到有一架UFO在低空盘旋，一会儿这架UFO就落了下来。他们迅速跑过去观看，发现一个奇怪的生物出现在UFO旁边，他们没有靠近，只是远远地观看。发现这个奇怪的生物大约有1.5米高，有一个尖尖的脑袋，但是没有脖子，也没有眼睛和鼻子。并且，头顶上伸出了一根天线模样的触须，还会不停地晃动。这然过去，就在观望，没一会儿，这个就上了UFO，随即UFO就飞走了。

外星人的样子还有很多，他们大多都很矮，而且眼睛和脑袋很大。有专家猜测，可能因为他们的智商特别高，所以脑部特别发达，才拥有很大的大脑。至于外星人为什么眼睛大，有可能是因为他们居住星球的环境所致。

两名美国人不敢贸远处默默地

生物

宇航员看到的外星人

1984年5月，苏联太空实验室"礼炮"6号上的两名宇航员，就在太空中亲眼看到了三个外星人，这件事情之后是被地面工程师泄露出来的。据这名工程师说，当时他正在宇航局分析"礼炮"6号的数据，就在这时，宇航员发现了一个体积比"礼炮"6号小一半，发着银色光芒的圆球靠近了飞船，彼此只有一小段距离。随后，宇航员就向地面指挥中心汇报了这一事情，指挥中心说不要和它们发生冲突，只要默默地等他们走就好了。但是，过了一天后，这个发光物体反而离"礼炮"6号更近了，两名宇航员借助望远镜，可以清楚地看到这个发光球体。这个球体有窗户，而且有三个较大的圆孔，从这三个圆孔中，宇航员看见了三个奇怪的外星人。

这些外星人浓眉大眼，眼睛是地球人的两倍，鼻梁高挺，皮肤呈黄棕色，面无表情。可能是外星人发现了他们正在被观察，就驾驶球体飞行物离开了，消失在茫茫宇宙中。

第七章
Chapter 7

探索 UFO——人类
探索 UFO 的历程

人类对UFO的好奇不仅仅是它神奇的地方，更多的是对宇宙的痴迷，而探索UFO只是探索宇宙的一个方面而已。当人类了解UFO后，可能发现外星文明，这对人类来说十分重要。因为人类再也不是茫茫宇宙中孤独存在的唯一智慧生物，也不是所谓神灵创造的产物。这将对人类的进步有着重要的作用。

令人费解的宇宙奇异事件

宇宙是目前人类认识到的最大空间，其中充满了不解之谜，从完全假设的黑洞学说，到爆炸的超新星；从拳头大小的物体就重上百亿吨的高密度星球，到广泛处在虚无的空间。这些都预示着宇宙的秘密太多太多……

宇宙中的神秘事物太多太多，甚至连宇宙如何形成都是未解之谜之一。而除了宇宙形成外，宇宙是怎么组成的是人们最好奇的事情。历代对这个问题的猜测很多，从根本不存在的"以太"到如今的"暗物质"，对宇宙中那些广阔虚无的空间猜测，永远是人们追求宇宙终极奥秘的过程。

宇宙中还有什么

我们知道，宇宙十分大，大到没有任何人能说出它有多大，所以称为无限大。宇宙中存在许多星系，比如我们所处的银河系就是其中不起眼的小星系，而这些星系中还包括许多行星、恒星等实际的物体。但是，我们知道，宇宙中大部分地方什么都没有，没有大气、没有压力、没有任何物质。曾几何时，人们认为这些地方没有东西是正常的，但现代科技发现，这些地方

bǐ xiǎngxiàng de yào fēng fù xǔ duō
比想象得要丰富许多。

kē xué jiā men tōng guò dà liàng yán
科学家们通过大量研

jiū zhèng shí mù qián rén lèi yǐ jīng tàn
究证实，目前人类已经探

cè dào de zhì liàng zhǐ yǒu zhěng gè yǔ
测到的质量，只有整个宇

zhòu de shèng xià de kē
宙的4%，剩下的96%科

xué jiā bìng bù zhī dao zhè xiē shì shén me
学家并不知道这些是什么。

ér zuì xīn de cāi cè shì wù zhì shì àn wù
而最新的猜测是物质是暗物

zhì yě jiù shì jì wú fǎ jiǎn cè yě
质，也就是既无法检测，也

wú fǎ guān chá dào de wù zhì hái yǒu yī zhǒng xué shuō rèn wéi néngliàng shí jiān tǐ xì shì cún
无法观察到的物质。还有一种学说认为，能量－时间体系是存

zài de zài wǒ men shēng huó de yǔ zhòu zhōng néng liàng hé shí jiān dōu shì yī zhǒng wù zhì bìng
在的，在我们生活的宇宙中，能量和时间都是一种物质，并

qiě zhàn jù le hěn dà de zhì liàng bù guǎn zěn me shuō wǒ men xiàn zài hái wú fǎ rèn shí yǔ zhòu de
且占据了很大的质量。不管怎么说，我们现在还无法认识宇宙的

zhēn shí miàn mù hái yào děng dài kē xué jiā de jìn yī bù yán jiū
真实面目，还要等待科学家的进一步研究。

超级超新星

kē xué jiā duì yú rèn hé qí guài de xiàn
科学家对于任何奇怪的现

xiàng dōu bù huì shuō zhè zhǒng xiàn xiàng shì xū jiǎ
象，都不会说这种现象是虚假

de yě bù huì duì zhè zhǒng xiàn xiàng jiǎ zhuāng shì
的，也不会对这种现象假装视

ér bù jiàn zhēn zhèng de kē xué jiā huì duì zhè xiē
而不见。真正的科学家会对这些

qí guài xiàn xiàng jìn xíng yán jiū tàn suǒ bìng fā xiàn
奇怪现象进行研究，探索并发现

qí zhōng de ào mì ér chāo xīn xīng jiù shì qí
其中的奥秘。而超新星就是其

zhōng zhī yī jīng guò zhè me duō nián yī jiù méi
中之一，经过这么多年，依旧没

Tips 知识小百科

宇宙之谜太多太多，只有不断地去研究，才能发现这些谜底的答案。而想要揭开这些谜底，则需要人类的文明和科技不断进步，只有这样，才能了解宇宙的奥秘。所以，现在好好学习，将来才能更好地研究这些事情。

有弄清超新星的本质。伽马射线是一种比X射线能量还要大的射线，能够穿透数米厚的钢板。而宇宙中，总是存在一种现象，这就是大量伽马射线被释放。科学研究发现，许多星球走向灭亡的时候，都会以超新星的方式死亡，毁灭自己后向外辐射大量能量。而之前科学家认为，星球死亡后就会变成黑洞。这样奇怪的现象，科学家称之为超级超新星，迄今为止还没有研究出任何结果。

中子星的末日

中子星是人类在宇宙中发现的最古老的星球，是由大恒星爆炸后形成的，这些星球就如同人类中的老人一样，而就是这些星球中的老人，却有着不可思议的密度。我们知道，一个物体的质量是体积乘以密度，而中子星中的物质密度极其高。

打个比方，从中子星拿来一块硬币一样大的石头，到了地球上以后，这块石头的重量就是几亿吨。这样的重量，相信没有任何人能拿得动。

那么，为什么这样的行星有如此大的质量，而且具有十分大的引力，以至于附近的星球都会被吞噬呢？我们的太阳，将来会不会也有一天，成为这样的星球呢？

月球上的静电悬浮

静电是一种常见的物理现象，在任何地方都有可能出现。

1960～1970年飞往月球的宇航员称，在月球的地平线上发现怪异光芒，曾一度以为是外星飞船。事实上，这种光芒就是来自月球表面上飘浮起来的尘埃，然后反射太阳光所致。

这种现象，就是静电悬浮，因为这些尘埃具有很大的静电。科学家们很奇怪，地球上拥有静电的小尘埃都会吸附在周围物体上，而月球上的静电尘埃为何会飘浮起来呢？这种飘浮会不会和UFO的技术有关呢？虽然目前没有任何结论，但我们总有一天会知道这些秘密的。

宇宙中的未解之谜还有无穷个，而外星人是否存在只是其中之一。相信将来有一天，我们不但知道这些未解之谜，也会和其他星球的智慧生物和平共处，一起生活下去。

给外星生命发送的地球信息

旅行者号探测器是美国研制并建造的外层星系空间探测器，先后一共发射了两颗，分别叫作旅行者1号和旅行者2号，先后于1977年9月5日和8月20日发射升空。两个探测器的首要任务是探测木星及土星，之后就会向银河系中心前进。

旅行者号探测器中携带有旅行者金唱片，这张唱片包含许多代表地球的信息，各种声音和图像，希望外星生物看到这张唱片后，能了解我们地球是一个什么样的星球。旅行者探测器在2012年的时候，才仅仅到达太阳系的边缘。而想要到达离地球最近的一颗恒星，最少也需要40000年的时间。而宇宙又是无限大的，可以说这张唱片只是个象征意义，实际意义很小。就如同在大海中找一根针，需要十分巧合才行。

 ## 收录的人类信息

唱片中所收录的内容，是由以康乃尔大学的卡尔·萨根为首的一个美国国家航空航天局委员会所决定的。委员会一共选择了115幅图像，还有各种大自然的声音。其中，声音是最多的，包括滑浪、风、雷以及鸟鸣、鲸声、狗吠等动物的叫声。另外，他们还挑选了一些来自不同文化及年代的音乐，地球人使用55种不同语言说出的祝福句子，以及印上来自卡特总统及当时联合国秘书长库尔特·瓦尔德海姆的讯息。

时任美国总统卡特的问候，内容是："这是一份来自一个遥远的小小世界的礼物。上面记载着我们的声音、我们的科学、我们的影像、我们的音乐、我们的思想和感情。我们正努力生活过我们的时代，进入你们的时代。"

除了这些声音外，在唱片的表面，还雕刻了一些图案，这些图案是为了让外星生命在看到唱片后，能够一目了然地知道我们这个星球是个什么形态，以及我们人类是什么样子。唱片表面上刻有人类男性和女性的外貌特征，并且标示了我们的身高和一些生理特征。还利用二进制数字的线段显示太阳相对于14个脉冲星及银河系中心的位置。另外，上面还有太阳和太阳系的八大行星，并标注了地球的位置。

那些代表地球的声音

这张唱片有12英寸厚，镀金表面，内藏留声机针，估算可以在太空中运行十亿年。这张唱片现在依旧在正常运作，播放着向外星生命传递的信息。唱片中的声音是唱片的一大特色，其中不但包括了自然声音，还有歌曲和各国语言。其中一共收录了55种语言说出的句子，基本涵盖了世界上的所有语言，比如英语、汉语普通话、中国粤语、中国方言吴语，甚至是古代美索不达米亚阿卡得语这种非常冷僻的语言。

除了这些语言外，各种音乐也很具有代表性，包括了东西方各种音乐形式。包括德国的巴赫"F大调第二勃兰登堡协奏曲第一乐章"，由慕尼黑巴赫管弦乐团演奏，由卡尔·李希特指挥；塞内加尔的敲击乐；澳大利亚的澳大利亚原住民歌曲《星辰》及《邪恶鸟》等，中国的古琴曲《高山流水》也收录其中。这些音乐是为了让外星生命了解地球的文化，还有地球上的一种形式，这对外星生命了解地球有很大帮助。

Tips 知识小百科

旅行者探测器1号的能量有限，大概在2020年时就会耗尽。此后，它将再也无法和人类联系，然后在宇宙中默默漂流。对于这个探测器，没有人知道它的作用有多大，毕竟宇宙太大了，谁也不清楚地外文明是否会发现这个"宇宙漂流瓶"。

飞出太阳系

2006年8月15日，旅行者1号探测已经距离太阳有整整100个天文单位，将近150亿千米，成为迄今为止飞得最远的人造物体。而旅行者2号与太阳之间的距离也已达76个天文单位（约114亿千米）。这时的探测器已经接近了太阳系边缘，而探测器也因为距离太阳太远而不能利用太阳能。它们平时

的功率仅为300瓦特，这些电力最多只够一盏明亮的灯泡供电。2012年6月17日，位于美国加利福尼亚州的美国航天局（NASA）喷气推进实验室发布声明称，1977年发射的"旅行者1号"探测器发回的数据显示，它已抵达太阳系边缘，这个在太空中孤独旅行35年的探测器将会是人类历史上首个脱离太阳系的人造物体。至此之后，探测器将孤独地离开太阳系，向太阳系以外的恒星系统进发。

在太阳系里找寻外星生命

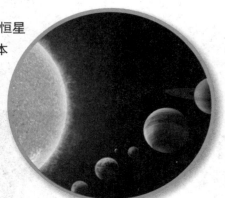

人类最开始总认为外星生命应该存在其他恒星系统中，因为太阳系中的八大行星基本被人探查过了，都不具备人类生存的条件。正因为这个原因，以前的科学家从来没有想过在太阳系的其他行星上找寻外星生命，但最新的研究表示，太阳系中可能存在未知的生命。

其实，早在古代的时候，人类就相信有地球之外的生物。比如中国就有嫦娥的传说，说月亮上不但有人居住，而且还有月兔这种生物。希腊神话中，一些神明更是住在各种天体中，比如太阳神阿波罗，他就是驾驭太阳的人，也可以说是在太阳上生活的人。而我们现在再看这些传说，虽然知道这是古代人的想象，但科学家认为有可能在离地球很近的天体上生存着生命。

第二个地球——火星

说火星是第二个地球绝对没有错，因为可以从很多地方发现，火星和地球多么相似。火星与地球之间尽管相隔数千万千米的空旷空间，却与地球有着很多神秘的共同之处：它也是一颗固态的岩质行星，半径大约是地球的一半，但体积大约只有地球

的1/7；火星上也有两个白色皑皑的极冠，这两块区域冬季增

大、夏季消融缩小，与地球极为相似。此外，火星上面也同样

有高耸的山脉、幽深的峡谷、飘荡的白云、怒吼的风暴，它与

地球一样也是四季分明，甚至一天也是24小时。因此，它被人

们称为地球的"孪生兄弟"，与地球一起被认为是太阳系内生

命可栖居区域。

移民火星和火星上有生命的想法并不是现在才有，1935

年，美国一个广播就曾说火星人要来地球了，结果当时只是正

在播放一部科幻小说，小说的名字叫作《大战外星人》。虽然人

们只是虚惊一场，但火星人的传闻开始不胫而走，慢慢成为一

种猜测，难道火星上真有人吗？最先这个问题被提出是在电影

中，比如一些关于外星人的电影，其中或多或少都会出现火星

人的踪影。就是因为电影上的夸张，更多人相信这个和地球类

似的星球上有生命存在，并且认为UFO就是火星人的飞船，

被派来地球研究人类 的。

虽然火 星上的系

统 不 适 合

人 类

生存，但是火星的各种条件，确实是人类第二个地球的选择。

科学家霍金就曾说过，如果地球灭亡的话，目前人类能移民的

星球就是火星。虽然那里的环境现在很恶劣，但经过人类的改造，

相信一定会很快适合人类生存的。

探测火星上的秘密

自从人类发现火星和地球有

如此相像的地方时，对火星的探

测就一直没有终止。一方面由于

担心火星上真的有其他生命的

存在，这样恐怕会威胁地球上人

类的安全。另一方面，人类也希

望能发现另外一个和地球相似的星球，这样就有更多的资源，

这对人类来说是最大的吸引。

火星是太阳系八大行星之一，是太阳系由内往外数的第四

颗行星，属于类地行星。这颗行星上有太多和地球相似的地方，

首先就是火星上拥有大气，虽然含量很少。另外，火星上的

地表基本上是沙漠，而且有证据显示曾经有稳定的液态水体。

除了这些以外，火星的两极还有水冰与干冰组成的极冠，会随

季节消长。就是因为这些原因，人们开始向火星上发送许多的

探测器，希望能证实火星有无生命或者是否适合人类生存。

搜索地外文明计划

人类众多寻找地外文明的经历中，其中最靠谱的要属"搜索地外文明计划"。这个计划最早是由加州柏克莱大学在1984年正式发起的，起初就是为了寻找地外文明而设立的，主要是利用射电望远镜分析宇宙传来的电磁波。

为什么说这项计划是搜寻外星人计划中最靠谱的呢？因为这个计划是范围最大，也是唯一不会落下一个星球的搜索计划。如果除地球以外还存在其他文明的话，那么只要他们的文明到达一定地步，就会利用无线电之类的电磁波进行交流，而有些电磁波会辐射到宇宙中，经过许多年后传到地球上。所以，这个计划只要探测到非正常的电磁波，就说明地外文明的存在了。

不轻松的搜索计划

这个计划看似很简单，只要对一些资料进行分类和规划，最终就能得到一份数据。但是，宇宙是很大的，特别是宇宙中各种形式的电磁波更多，对接收到的每一条信息都进行处理的话，是十分困难的。就说目前的搜索计划中，各处的搜索计划的大型计算机上的程序，都在实时地对从天文望远镜收集来的数据进行分析。可是，这些计算机都没有对这些微弱的信号进行深入的分析，也没有试图搜索更多种类的信号。正是因为进行分析的计算机的处理能力有限，连深入分析的能力都没有。可就算如此，这些计算机还是无法处理每天的大量数据。

如果想对那些微弱信号都进行处理的话，就要建造一台超越现在所有计算机的超级计算机。搜索外星文明计划的科学家们，根本不可能、也没有能力建造或者购买这样的计算机，因此他们采取了另一种平衡的方法。它们利用更小型的计算机，花费更多的时间处理这些资料。而到哪里找寻这些小型计算机呢？科学家为了解决这个问题，提出了一次全人类参与的计划，那就是

只要能联网的计算机，都可以下载一个软件。这个软件是专门处理资料的软件，家用计算机就可以使用。凭借这个计划，科学家每天都能从互联网上获得许许多多的信息反馈，

从而加快了处理这些信息的速度。这个计划就是有名的"伯克利计划"。

他们在搜索什么

对于这个问题，首先要了解电磁波的原理。其实这个原理不是很难，我们身边就有很多放出电磁波的东西，比如电视机、天线、雷达等，这些都是电磁波发射器。要知道，仅仅是我们生存的银河系里面，就有像太阳一样的恒星4000亿颗，而像我们银河系这样的星系，已知就有十亿颗。可以很清楚地看到，地球绝对不是唯一存在生命的星球，但不代表有生命的星球就能联系我们。如果其他有生命存在的星球并不发达，没有进入无线电时代，我们就无法搜索到它们。但是，地球的出生本来就晚，而人类的出生就更晚了。人类仅仅用了几十万年的时间就进化到如此地步，那么别的星球上的生物，应该也能进化出使用无线电能力的

Tips 知识小百科

SETI@home就是伯克利计划的产物，这个程序在用户的个人计算机上，通常在屏幕保护模式下或以后台模式运行。它利用的是多余的处理器资源，不影响用户正常使用计算机。当拥有这个软件后，就可以通过软件搜寻外太空文明的计划了。

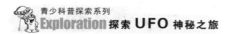
wénmíng le
文明了。

ér wǒ men yào zuò de jiù shì sōu suǒ zhè xiē wén míng suǒ fàng shè chū de wú xiàn diàn jiǎn dān
而我们要做的就是，搜索这些文明所放射出的无线电。简单

de shuō wǒ men xiǎng zhī dao dì qiú yǐ wài de shēng mìng shì fǒu fā sòng le xìn xī gěi wǒ men ér
地说，我们想知道地球以外的生命是否发送了信息给我们。而

wǒ men zhī dao rèn hé yī gè xíng xīng lí dì qiú dōu shì hěn yuǎn de suǒ yǐ wú xiàn diàn zhè
我们知道，任何一个行星离地球都是很远的，所以，无线电这

zhǒng néng liàng zài chuán dì de shí hou jiù huì sǔn shī yī xiē néng liàng děng dào dá dì qiú de shí
种能量在传递的时候，就会损失一些能量，等到达地球的时

hou xìn hào jiù yǐ jīng fēi cháng wēi ruò le suǒ yǐ wǒ men zhǐ zài yī xiē tè dìng de pín lǜ
候，信号就已经非常微弱了。所以，我们只在一些特定的频率

shàng sōu suǒ jiù rú tóng kàn diàn shì zhǐ kàn zhè yī gè pín dào yī yàng
上搜索，就如同看电视，只看这一个频道一样。

目前的进展

sōu suǒ dì wài wén míng jì huà yǐ jīng jìn xíng le xǔ duō nián mù qián zài sōu suǒ shàng mian de
搜索地外文明计划已经进行了许多年，目前在搜索上面的

pín dào yǐ jīng dá dào le yī yì gè ér jù měi guó sōu suǒ de wài wén míng jì huà zī shēn
"频道"已经达到了一亿个。而据美国"搜索地外文明"计划资深

kē xué jiā sài sī xiāo sī tǎ kè shuō nián sōu suǒ fàn wéi jiù kě yǐ kuò dà dào wàn
科学家塞思·肖斯塔克说，2030年搜索范围就可以扩大到2000万

guāng nián jiè shí kěn dìng kě yǐ zhǎo dào qí tā wén míng fā lái de xìn hào yě jiù shì shuō hái
光年，届时肯定可以找到其他文明发来的信号。也就是说，还

yǒu shí duō nián de shí jiān wǒ men jiù yī dìng néng zhèng míng cún zài wài xīng shēng wù ér qiě zhè
有十多年的时间，我们就一定能证明存在外星生物，而且这

zhǒng shēng wù jù bèi hěn gāo kē jì de wén míng zuì qǐ mǎ tā men de wén míng xíng shì hé wǒ men
种生物具备很高科技的文明。最起码，他们的文明形式和我们

shì xiāng tóng de
是相同的。

太阳系中可能存在生命的星球

人类探索宇宙的脚步一直没有停止过，许许多多的探测器被发往宇宙，用来探索那些未知的星球。一方面是了解星球的性质，另一方面希望发现生命存在的证据。就目前来讲，人类已经初步探索了太阳系的所有星球，发现了一些生命证据。

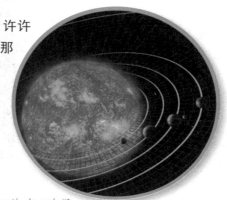

měi guó shì zuì xiān tàn suǒ tài yáng xì qí tā xīng qiú de guó jiā
美国是最先探索太阳系其他星球的国家，

ér qiě yě shì wéi yī yōng yǒu zhòng duō zī liào de guó jiā　gēn jù měi guó gōng bù de zhè xiē zī liào
而且也是唯一拥有众多资料的国家。根据美国公布的这些资料，

wǒ men kě yǐ fā xiàn　　tài yáng xì zhōng chú le dì qiú yǐ wài　　hái yǒu qí tā xīng qiú sì hū yě shì
我们可以发现，太阳系中除了地球以外，还有其他星球似乎也适

hé shēng mìng de shēng cún
合生命的生存。

有生命存在的火星

cháng qī yǐ lái　　huǒ xīng yī zhí bèi kàn zuò tài yáng xì zhōng shì hé rén lèi yí mín de xīng
长期以来，火星一直被看作太阳系中适合人类移民的星

qiú　　jīng guò dà liàng de tàn cè fā xiàn　　huǒ xīng shang suī rán shì yī piàn pín jí gān hàn de tǔ de
球。经过大量的探测发现，火星上虽然是一片贫瘠干旱的土地，

dàn yǒu zhèng jù zhèng míng huǒ xīng céng jīng shì yī gè wēn nuǎn　　cháo shī de xīng qiú　　gān hé de hé
但有证据证明火星曾经是一个温暖、潮湿的星球。干涸的河

chuáng　jí dì bīng gài　　huǒ shān hé zhǐ yǒu zài shuǐ zhōng cái huì xíng chéng de kuàng wù zhì dōu yǐ zài
床、极地冰盖、火山和只有在水中才会形成的矿物质都已在

huǒ xīng shang bèi zhǎo dào　　　　nián　měi guó yǔ háng jú　　fèng huáng　　hào huǒ xīng chē chuán huí
火星上被找到。2008年，美国宇航局"凤凰"号火星车传回

le yī zhāng tú piàn　　shàng mian xiǎn shì le yī kuài bīng kuài　　zhè shǒu cì zhèng míng le huǒ xīng shang
了一张图片，上面显示了一块冰块，这首次证明了火星上

cún zài shuǐ　　cì nián　　yòu fā xiàn le zhòng yào de shēng mìng cún zài zhèng jù　　měi guó yǔ háng jú
存在水。次年，又发现了重要的生命存在证据，美国宇航局

de kē xué jiā men zài huǒ xīng dà qì céng
的科学家们在火星大气层

zhōng fā xiàn le jiǎ wán　zhè biǎo míng
中发现了甲烷，这表明

zhè kē xíng xīng zhōng cún zài shì fàng jiǎ
这颗行星中存在释放甲

wán de wēi shēng wù　yīn wèi　chǎn
烷的微生物。因为，产

shēng jiǎ wán de wēi shēng wù shì dì qiú
生甲烷的微生物是地球

shang zuì zǎo qī de shēng mìng xíng tài
上最早期的生命形态，

zhèng shì yǒu le zhè zhǒng wēi shēng wù
正是有了这种微生物，

cái zhú jiàn chū xiàn gè zhǒng gèng fù zá de shēng mìng　jǐn guǎn xiàn zài réng méi yǒu zhèng shí huǒ xīng
才逐渐出现各种更复杂的生命。尽管现在仍没有证实火星

shang shì fǒu yǒu shēng mìng cún zài　dàn kē xué jiā duì cǐ hěn lè guān de rèn wéi tā men zhǐ shì bèi cáng
上是否有生命存在，但科学家对此很乐观地认为它们只是被藏

qǐ lai le　kě néng cún zài yú huǒ xīng dì biǎo zhī xià
起来了，可能存在于火星地表之下。

被冰所包围的木卫二

mù wèi èr shì mù xīng de dì èr kē wèi xīng　jiù rú tóng dì qiú de wèi xīng　yuè liang yī
木卫二是木星的第二颗卫星，就如同地球的卫星——月亮一

yàng　suī rán mù wèi èr de hán lěng huán jìng ràng rén lèi wàng ér què bù　dàn jīng guò kē xué jiā de
样。虽然木卫二的寒冷环境让人类望而却步，但经过科学家的

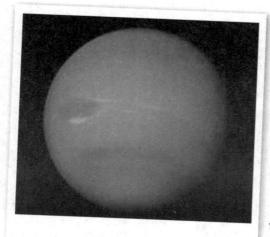

wú shù cì lùn zhèng hòu　xiāng xìn zài mù wèi
无数次论证后，相信在木卫

èr shang kě néng bù jǐn jǐn cún zài jiǎn dān de
二上可能不仅仅存在简单的

wēi shēng wù　hái yǒu kě néng cún zài fù zá
微生物，还有可能存在复杂

de shēng mìng　mù wèi èr bèi bīng céng suǒ fù
的生命。木卫二被冰层所覆

gài　kē xué jiā men rèn wéi　zài mù wèi èr
盖，科学家们认为，在木卫二

bīng zhì biǎo céng zhī xià yǐn cáng zhe yī gè hǎi
冰质表层之下隐藏着一个海

yáng　qí zhōng kě néng hán yǒu yǎng qì　jīng
洋，其中可能含有氧气。经

guò gū suàn   mù wèi èr dì xià rú guǒ què shí cún zài hǎi yáng   nà me qí zhōng de yǎng qì hán liàng
过 估 算 ， 木 卫 二 地 下 如 果 确 实 存 在 海 洋 ， 那 么 其 中 的 氧 气 含 量

jiāng kě yǐ wéi chí   yì qiān kè de wēi shēng mìng cún zài   dàn shì   mù qián duì mù wèi èr de bīng
将 可 以 维 持 30 亿 千 克 的 微 生 命 存 在 。 但 是 ， 目 前 对 木 卫 二 的 冰

céng xià fāng shì fǒu cún zài hǎi yáng hái bù qīng chu   suǒ yǐ zhè ge gū suàn zhǐ shì yī zhǒng jiǎ shè
层 下 方 是 否 存 在 海 洋 还 不 清 楚 ， 所 以 这 个 估 算 只 是 一 种 假 设 。

土卫二上有机生物存在的证据

nián   dāng   kǎ xī ní   hào tàn
　　2005 年 ， 当 "卡 西 尼" 号 探

cè qì jìn jù lí fēi yuè tǔ wèi èr biǎo miàn shí
测 器 近 距 离 飞 越 土 卫 二 表 面 时 ，

fā xiàn le xīn de zhèng jù zhèng míng tǔ wèi èr shàng
发 现 了 新 的 证 据 证 明 土 卫 二 上

kě néng cún zài shēng mìng   dāng shí tàn cè qì pāi
可 能 存 在 生 命 。 当 时 探 测 器 拍

shè dào zhèng zài pèn chū bīng hé qì tǐ de jiàn xiē
摄 到 正 在 喷 出 冰 和 气 体 的 间 歇

quán   tàn cè chū qí zhōng hán yǒu tàn   qīng   dàn
泉 ， 探 测 出 其 中 含 有 碳 、 氢 、 氮

hé yǎng   zhè xiē dōu shì yǒu jī shēng wù cún zài de
和 氧 ， 这 些 都 是 有 机 生 物 存 在 的

qián tí cǐ wài   pēn shè chū de zhè xiē wù zhì biǎo míng   tǔ wèi èr biǎo miàn zhī xià de huán jìng kě
前 提 。 此 外 ， 喷 射 出 的 这 些 物 质 表 明 ， 土 卫 二 表 面 之 下 的 环 境 可

néng gèng wēn nuǎn cháo shī   bù guò   kē xué jiā zhì jīn shàng wèi zhèng shí tǔ wèi èr shang shēng mìng
能 更 温 暖 潮 湿 。 不 过 ， 科 学 家 至 今 尚 未 证 实 土 卫 二 上 生 命

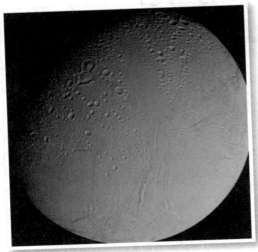

de cún zài   dàn shì   kē xué jiā fā xiàn zài
的 存 在 。 但 是 ， 科 学 家 发 现 在

dì qiú shēn hǎi rè yè chū kǒu chù hé yáng guāng
地 球 深 海 热 液 出 口 处 和 阳 光

wú fǎ zhào shè dào de běi jí bīng céng zhī xià
无 法 照 射 到 的 北 极 冰 层 之 下 ，

mǒu xiē jí duān wēi shēng wù yī jiù kě yǐ cún
某 些 极 端 微 生 物 依 旧 可 以 存

huó   zhè ràng kē xué jiā men kàn dào le xī
活 。 这 让 科 学 家 们 看 到 了 希

wàng   tǔ wèi èr shàng huò xǔ yě yǒu lèi sì
望 ， 土 卫 二 上 或 许 也 有 类 似

de wēi shēng wù
的 微 生 物 。

可能存在海洋的木卫四

美国宇航局的科学家们曾经将木卫四定性为"一颗死寂的卫星"，直到发现这颗死寂的星球上可能存在海洋后，才改变了这种看法。美国宇航局"伽利略"号太空船分别于1996年和1997年两次近距离飞越木卫四，两次经过都发现了木卫四的磁场变化，这种变化意味着电流的存在。2001年，"伽利略"号太空船发现了木卫四曾被一颗小行星撞击，形成了如今的"瓦哈拉撞击盆地"。通常，这种小行星撞击会产生强烈的冲击波，会影响整个木卫四。但是，"伽利略"号太空船根本没有发现这一证据。因此，科学家们认为木卫四上可能存在海洋缓冲了撞击力。考虑到有水就可能存在生命的假定，如果真存在这样一个海洋，木卫四上就很有可能存在复杂的生命。

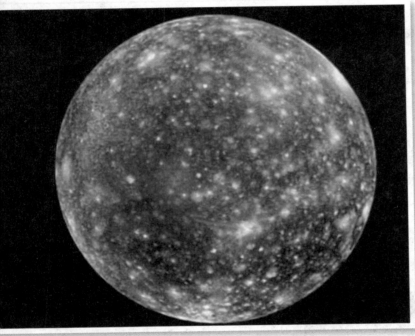

从古代文明中寻找外星文明

人类已经在地球上生活了几十万年，并创造过许多辉煌的成就，有些却只被少数人知道，因为这些成就太不可思议，就连现代人看到这些成就的时候，都会被震撼。那么，这些成就真的是人类自己创造的吗？会不会有神秘的外星文明曾帮助过人类呢？

古代的伟大成就有很多，不论是中国的万里长城，还是古埃及的金字塔，都体现出古代人类的智慧和毅力。然而，也有一些古代文明所创造的成就，让现代人十分惊讶。因为这些成就连现代人都需要借助工具才能完成，而古代人却可以直接创造，这不得不让人产生怀疑，是否外星人真的在古代到过地球，帮这些古老文明拥有了这些成就呢？

古代玛雅文明

玛雅文明是人类历史上精彩的一幕，虽然没有人知道它何时出现，又为何突然消失，但其留下来的各种文明成就，让现代人看后都大为惊讶，想不到玛雅人的文明有如此之高。玛雅文明是拉丁美洲古代印第安人文明，约形成于公元前2500年，主要分布在墨西哥南部、危地马拉、巴西、伯利兹以及洪都拉斯和萨尔瓦多西部地区。玛雅文明的建筑工程达到了世界最高水平，能对坚固的石料进行雕镂加工。他们通过长期观测天象，已经掌握日食周期和日、月、金星的运动规律；雕刻、彩陶、壁画都有很高的艺术价值，被称为美洲的希腊。

玛雅文明中最让人惊讶的是他们的天文学知识，他们在当时的条件下，已经能对许多天文现象进行演算。比如，玛雅文明测得一年的时间是365.2420天，而我们用现代科技测得的数据是365.2422天，这是多么接近啊！另外，玛雅人在数字方面的成就也很独特，他们创造了十分大的数字，这些数字就连现代人都很少用到，只有天文学上的"天文数字"才会用到。对于玛雅人为什么要用这么大的数字，研究者一直没有很好的解释，因为这种数字不具备任何实际意义，只有在星际旅行中才能用到。所以，有人猜测，是否这些知识不是玛雅人自己发现的，而是远古时候来了一批外星人，他们经过星际旅行来到地球后，不但教授了玛雅人天文知识，还把一些星际旅行的数据告诉了他们。

非洲土著的天文知识

非洲是一个生活了众多民族的国家，很多地方保留了原始的生活形态。就在这些刀耕火种的原始村落里面，竟然存在着一些格格不入的天文知识，要知

道，就连现代人都是最近才知道这些信息的。20世纪20年代，法国人类学家格里奥和狄德伦来到西非，在当地土著多贡人中居住了十年之久。长时期的交往，使他们得到了多贡人的信任，并且从最高祭司那里得到了一个惊人消息。

多贡人口头流传了四百年的宗教教义中，蕴藏着一颗遥远星星的丰富知识。那颗星用肉眼是看不见的，即使用望远镜也难以看到。这就是天狼伴星。多贡人把天狼伴星叫作"朴托鲁"，"朴"指细小的种子，"托鲁"指星。他们还说这是一颗"最重的星"，而且是白色的。经过现代科技的观测，这颗天狼伴星和他们描述的一模一样。但是，人类知道这些信息是借助了先进的仪器，而且经过了大量的探测，而多贡人并不用自己观察，据高级祭司说，这些知识是天狼星人告诉他们的，当时他们乘坐会飞的圆盘降落，将知识告诉他们后就离开了。难道说，真的有外星人，曾经来过地球，传授给多贡人天文知识吗？

人类踏上外星球的第一步

古时候的人类就有飞天的愿望，认为天上有天堂存在，在那里可以得到永生极乐。但是，现代人知道，地球的外面是宇宙，人类是无法在那里存活的。但是，人类征服外太空的脚步一直没有停下，而且已经基本征服了除地球外的另一个星球——月球。

阿波罗计划又称阿波罗工程，是美国从 1961 年到 1972 年从事的一系列载人登月飞行任务。历时 11 年的阿波罗计划，是人类航天史上具有划时代意义的一项成就，标志着人类能够征服外太空和其他星球。这项工程一共耗资 255 亿美元，在工程高峰时期，参加工程的有 2 万家企业、200 多所大学和 80 多个科研机构，总人数超过 30 万人。

登上月球的第一人

尼尔·阿姆斯特朗是阿波罗 11 号飞船的宇航员，他是第一个登上月球的美国航天员。他曾经是美国空军飞行员，后来入选美国国家航空航天局的宇航员、试飞员，也正因为这一次登月任务，人类永远记住了他。尼尔·阿姆斯特朗并非第一次前往太空，他的第一次太空任务是 1966 年执行的双子星 8 号的指令长。这次任务中，他和大卫·斯科特一道完成了第一次航天器的对接。而第二次，也是阿姆斯特朗最后一次太空任务，就是著名的1969年7月的阿波罗11号。当时一共有两个宇航员，一个是阿姆斯特朗，另一个是巴兹·奥尔德林，而阿姆斯特朗是第一个下飞船的人，所以他是登月第一人。他们一共在月球表面进行了两个半小时的月表行走，完成了对月球的探查和资源收集，为人类了解月球做出了很大的贡献。两位宇航员一共采集月球岩石和土壤样品22千克，然后驾驶登月舱的上升级返回环月轨道，与母船会合对接。等到飞船成功对接后，宇航员开始返回地球之旅。1969年7月24日，"阿波罗"11号飞船指挥舱在太平洋夏威夷西南海面降落，标志人类成功登上月球并返回。

受到质疑的阿波罗计划

2000年7月中旬，墨西哥《永久周刊》科技版刊载了俄罗斯研究人员亚历山大·戈尔多夫发表的题为《本世纪最大的伪造》的文章，对美国1969年登月时所拍摄的照片提出质疑。这篇文章一经发表，立刻引起很大的轰动，不仅许多报刊纷纷转载了这篇文章，而且引起了许多人的密切关注。

这次质疑中，一共提出了5个问题。第一，没有任何一幅影像画面能在太空背景中见到星星；第二，图像上物品留下影子的朝向是多方向的，而太阳光照射物品所形成的阴影应是一个方向的；第三，摄影记录中那面插在月球上的星条旗在迎风飘扬，而月球上根本不可能有风；第四，从摄影记录片中看到宇航员在月球表面行走犹如在地面行走一样，实际上月球上的重力要比地球上的重力小得多，因而人在月球上每迈一步就相当于在地面上前进5～6米；第五，登月仪器在"月球表面移动"时，从轮子底下弹出的小石块的落地速度也同地球发生同一现象的速度一样，而在月球上这种速度应该比在地球上快6倍。